U0302991

领域语义信息检索技术研究
——以云南种子植物特有属领域为例

彭　琳　庞　雪　陆国泉　著

科学出版社

北　京

内 容 简 介

本书针对目前云南种子植物特有属信息资源存在的相关问题，利用本体技术对云南种子植物特有属信息资源进行研究，提取了云南种子植物特有属领域的相关术语并构建了云南种子植物特有属领域本体，实现了基于规则的本体推理；同时，对云南种子植物特有属领域语义检索方法进行了研究，分别提出了基于《同义词词林》的词语语义相似度改进算法和基于 RankSVM 与 LDA 检索模型的查询词扩展方法。本书内容将为云南种子植物特有属的宏观深层次研究，提供新的技术支持和理论依据，为其他相关领域语义信息检索提供一种新方法和思路。

本书可供计算机应用、语义信息检索、农业信息技术等相关专业高年级本科生、研究生及研究人员阅读。

图书在版编目（CIP）数据

领域语义信息检索技术研究 ：以云南种子植物特有属领域为例 / 彭琳，庞雪，陆国泉著. -- 北京 ：科学出版社，2025.1.
ISBN 978-7-03-080187-6

Ⅰ．Q949.4；G254.921

中国国家版本馆 CIP 数据核字第 2024HB4869 号

责任编辑：陈　静　董素芹 / 责任校对：胡小洁
责任印制：师艳茹 / 封面设计：迷底书装

科学出版社 出版
北京东黄城根北街 16 号
邮政编码：100717
http://www.sciencep.com

北京天宇星印刷厂印刷
科学出版社发行　各地新华书店经销
*

2025 年 1 月第 一 版　开本：720×1000　1/16
2025 年 1 月第一次印刷　印张：6 3/4
字数：133 000
定价：**88.00 元**

（如有印装质量问题，我社负责调换）

前　　言

随着计算机科学技术的发展，人们已经越来越多地开始利用信息化技术和互联网技术去处理、收集、集成和利用各类存放在不同位置的信息资源，并且可以完整、快速、智能地提供多种信息服务；利用信息检索手段开展科学研究，已成为一种新的研究手段和方法。从目前的研究现状来看，针对语义信息检索技术的研究大多处于起步阶段，研究多停留于探索性的理论研究，其中关于领域本体的构建、查询词扩展方法研究和查询词扩展模块的构建都还未成熟。同时，也缺乏相应的领域语义信息检索实际应用案例。

本书针对目前云南种子植物特有属信息资源存在的相关问题，利用本体技术对云南种子植物特有属信息资源进行研究，提取了云南种子植物特有属领域的相关术语并构建了云南种子植物特有属领域本体，实现了基于规则的本体推理；同时，对云南种子植物特有属领域语义检索方法进行了研究，分别提出了基于《同义词词林》的词语语义相似度改进算法和基于 RankSVM 与隐含狄利克雷分布(latent Dirichlet allocation，LDA)检索模型的查询词扩展方法。本书可作为语义信息检索领域初学者入门的向导，也可作为有关科研和教育人员从事语义信息检索研究和开发的一本实用的参考书，全书共 7 章。

第 1 章：绪论。主要阐述语义信息检索技术、农业领域语义信息检索和基于本体的农业领域语义信息检索的研究现状，以及云南种子植物特有属领域语义信息检索研究背景及意义。

第 2 章：相关理论知识概述。简要介绍本书所使用到的相关理论及技术，主要包括：本体相关概念、本体常用构建方法、植物的鉴别方法、词语语义相似度计算、基于数量分类的植物鉴别算法、LDA 模型和 RankSVM 等。

第 3 章：云南种子植物特有属领域本体的构建研究。针对云南种子植物特有属的特点，构建本体知识库。首先，建立云南种子植物特有属领域本体的核心概念与关系集；其次，将云南特有种子植物作为实例，利用云南种子植物特有属领域本体核心搜索概念及其关系进行表示；最后，选取一种本体描述语言对云南种子植物特有属领域本体进行形式化描述，再选取适合的本体构建工具，构建本体。

第 4 章：云南种子植物特有属领域本体推理查询中关键技术的研究。通过研究 Jena 的原理及其推理机制，实现基于 Jena 的本体解析；结合自建的推理规则，提出基于规则的云南种子植物特有属领域本体推理方法。

第 5 章：植物鉴别模块的构建。详细阐述本书所提出的植物鉴别方法的具体步骤：使用正态云模型计算出植物各个形态的隶属度，然后使用灰色关联分析对植物进行综合评价，最后根据综合评分鉴别出植物的属种信息。

第 6 章：云南种子植物查询词扩展模块的构建。详细阐述本书所构建的查询词扩展方法的流程：首先借助 RankSVM 良好的排序性得到质量良好的初检结果，然后利用 LDA 模型筛选出与查询词相关的文本并将经过排序的初检结果生成主题模型，最后使用阈值筛选出每个主题中概率最高的词语作为查询词扩展集合。

第 7 章：总结与展望。对本书研究内容进行总结，并对本书的不足及待改进的方向进行说明。

本书内容主要来源于我所主持的国家自然科学基金项目——

"面向云南种子植物特有属领域的语义信息检索关键技术研究"（项目编号：31260292）的研究成果。该研究成果可为云南种子植物特有属的宏观深层次研究提供新的技术支持和理论依据；为其他相关领域的语义信息检索提供一种新方法和思路。在此，感谢与我共同研究多年的团队成员——庞雪、陆国泉。至今清晰地记得我们一起挑灯夜战的每一个夜晚，感谢多年来你们对我的支持和帮助。同时，感谢我的硕士生导师——云南农业大学杨林楠教授在本书后期撰写过程中给予的支持和帮助。最后，我要衷心感谢我的父母、姐姐和姐夫，是他们给予我生活上和精神上无微不至的照顾和支持，使我能勇敢地面对研究和撰写中出现的一个接一个的困难和挑战，他们是我永远的坚强的后盾。感谢所有关心我、爱我的人。

由于时间紧迫，作者水平有限，书中疏漏之处在所难免，敬请广大读者批评指正。

云南农业大学　彭琳

2024 年 5 月于昆明

目　　录

第 1 章 绪 论

1.1 语义信息检索技术概述

针对当前网络信息缺乏结构化和语义化的问题，万维网的缔造者 Berners-Lee 等在 XML2000 会议上提出了语义网(semantic Web)的概念[1]。语义网作为对当前网络的扩展，它的目标并不是要完全取代现有的网络，而是让网络上的信息能够被计算机理解，从而实现语义层上的智能应用。语义网的出现为实现语义信息检索提供了可能。

语义信息检索的概念是由 Guha 等于 2003 年在文献[2]中首次提出的，他们认为语义信息检索是研究基于语义网的搜索技术，其目的是通过语义网技术提高当前的搜索性能，并构建下一代基于语义网的新型搜索引擎。语义信息检索的概念一经提出，就引起了国内外学术界的高度重视，许多研究者从不同角度对其进行了一些开创性研究。其中，Cohen、Lei 等研究人员围绕语义信息检索的框架结构展开研究。耶路撒冷希伯来大学的 Cohen 等[3]设计了一个专门针对可扩展标记语言(extensible markup language, XML)文档的搜索引擎 XSearch，提出了一套完整的理论；韩国中央大学的 Cho 和 Lee[4]提出语义检索框架中应该包括本体构建、爬虫、索引器、查询语句引擎和可视化五个部件，并将整个搜索引擎分为在线和离线两部分；英国开放大学的 Lei 等[5]介绍了一个语义搜索引擎 SemSearch，同时提出了语义搜索引擎的五层次结构；Rodrigo、Wienhofen 等研究人员则对语义信息检索环境下智能化查询窗口的设计进行了研究。Rodrigo 等[6]提出了语义网图形系统，这个系统形成了以语义网为基础的语义搜索引擎，在获得查询结果的同时还可以获得关联信息；Wienhofen[7]描述了一个面向语义网的图形化查询语句的构建环境，用户可以在画布上添加背景知识，背景知识可以是资源描述框架(resource description framework，RDF)、WordNet 等文档，用户输入一段话或一篇文档来形成查询的目标。王进、Gary 等研究人员针对语义检索中搜索优化的问题进行了重点研究。中国科学技术大学的王进[8]提出了一种基于本体的语义信息检索模型，模型采用语义聚类方法对文档进行分类，然后将用户查询要求对应到某一类别中，从而提高语义检索的效率；亚利桑那州立大学的 Gary 等[9]采用了 Marker-passing 搜索算法，以外部刺激的方式并行地搜索整个语义网络，有效地提高了语义搜索效果。

但从目前的研究现状来看，这些研究都还处于起步阶段，研究大都只停留于探索性的理论研究阶段，其中语义信息检索模型、语义检索系统的构造方法和实现机制都还未成熟。

1.2　农业领域语义信息检索研究现状

近年来，我国农业领域研究人员对语义信息检索在农业中的应用也进行了大量探索性研究。例如，中国科学院地理科学与资源研究所的甘国辉团队在"十一五"国家科技支撑计划课题"农村信息协同服务技术研究与集成应用"和国家高技术研究发展计划(863 计划)课题"农业语义检索技术研究"中，对科技文献信息、空间信息和农业网络信息的信息融合技术，农业领域本体构建和农业领域知识的语义检索策略与方法等农业知识语义信息检索关键技术进行了研究[10]；于红和刘溪婧针对渔业领域本体更新的需求，提出了一种基于知识库的本体学习算法，旨在自动或半自动地挖掘并更新渔业领域的概念关系。该研究识别出渔业本体库手工更新效率低、依赖专家等难题，通过设计一种结合三元组表示法的算法流程，包括文本预处理、关系抽取和模式匹配，在渔业领域语料库中自动识别概念间的关系并更新本体。实验部分验证了该算法在同位关系和上下位关系抽取上的性能，结果显示召回率较高，表明其对概念关系的覆盖性良好[11]。中国农业科学院农业信息研究所的鲜国建等[12]在农业科学叙词表转化得到农业本体的基础上，设计并实现了基于农业本体的智能检索原型系统,进一步完善了传统信息检索系统的功能（国家自然科学基金项目成果）。张娜等在国家星火计划项目"西北农业专家远程信息化服务体系示范"课题中，共同实现了在农业领域中的语义智能检索[13]。中国农业科学院农业信息研究所杨晓蓉博士[14]在其博士论文中针对农业异构数据源的检索问题，对基于农业领域词典的中文分词方法和基于农业领域本体的语义扩展方法进行了研究，实现了基于农业本体的语义查询扩展。

这些对语义信息检索的尝试和探索研究均在一定程度上实现了检索的智能化和人性化，同时也证明了语义信息检索不仅可以对海量分布的农业异构信息资源进行描述、存储、管理、集成和分析挖掘；还可以对这些农业数据资源赋予明确的语义信息，使计算机能智能地理解数据资源的具体含义，并实现基于语义的自动检索。

1.3 基于本体的农业领域语义信息检索研究现状

本体（ontology）最初是一个哲学上的术语，在哲学中本体是一种"存在"的系统化解释，用于描述事物的本质。三十多年前本体被引入计算机领域，虽然不同研究者对本体有不同的定义，但是目前被多数人认同的本体定义是 1993 年 Gruber 提出的"本体是共享概念模型的明确的形式化规范说明"[15]。这个定义强调了本体是用于描述概念和概念之间的关系的一种语义基础。

在计算机领域，本体的概念一经引入就得到了广泛的应用[16-18]，特别是在知识表示、知识获取、知识挖掘、知识检索、知识共享和重用等方面，例如，美国的莱纳特（Lenat）教授领导研制的大型常识知识库系统 Cyc；普林斯顿大学伯克利分校研制的语言知识库 WordNet；国内主要有中国科学院计算技术研究所曹存根研究员领导建设的中国知识基础设施（China national knowledge infrastructure，CNKI）工程，它可提供大规模的、包含多个领域的知识共享本体库；由中国科学院计算机语言信息中心语言知识研究室建设的知网工程等，都在一定程度上应用了本体论的方法[19]。

由于本体论在知识管理领域的突出作用，联合国粮食与农业组织（Food and Agriculture Organization of the United Nations，FAO）于 2001 年成立了农业本体服务器（agricultural ontology server，AOS）研究项目，制定出合作伙伴所遵守的术语、定义以及关系，采用 FAO 开发的农业叙词表（agricultural vocabulary，AGROVOC）作为其基础的共享词汇，先后构建了渔业、作物——有害生物和抗菌剂等本体[20]。我国研究人员也进行了大量的农业本体的构建研究，例如，复旦大学的陈叶旺博士，构建了基于农业领域本体的知识资源信息管理服务系统，系统包括农业领域本体知识协同建构模块和基于农业领域本体的语义检索模块[21]；中国科学院文献情报中心的李景博士构建了花卉学领域本体，并在其博士论文中对本体的理论知识和相关技术方法做了较为详细的阐述[22]；福建农林大学的李庭波博士构建了森林资源经营决策本体知识库，定义了森林资源核心本体

(coreontology)模型，并通过数据进行了本体学习的应用[23]；四川大学的张柳和黄春毅构建了"农作物栽培"领域本体知识库，定义了农作物栽培领域的核心概念，并确定了其层次结构[24]。

这些研究人员的研究成果表明农业本体的构建有助于加强对农业信息的组织、管理和知识理解，可以对各类农业数据资源进行集成，并实现基于内容的访问，提高了农业数据资源的集成性、协同性和可交流性。但同时这些农业本体在构建方法上还存在着一些需要补充完善的地方。

（1）领域本体形式化地表达了领域中的各种概念及概念之间的关系，而这些概念是利用该领域术语来进行表达的，因此领域术语集选取得好坏直接影响着构建领域本体的质量。但是，目前我国农业本体中的领域术语集普遍借助于主题词表、叙词表和农业领域专家，依靠人工进行构建，代价十分大而且进展缓慢。本书将针对种子植物特有属领域的语言学特征，拟在创建云南种子植物特有属语料库的基础上，对现有领域术语自动提取方法进行比较研究，力求探寻一种适用于云南种子植物特有属领域的术语及其关系的自动提取方法和处理规范。

（2）在农业本体构建过程中，首先需要对农业数字信息资源进行语义标注，而由于农业知识信息量大、涉及领域多，每个独立的农业数字信息资源都不是仅包含一个领域的语义，因此需要同时使用多个领域本体对信息资源进行标注。但是，目前我国构建的农业本体只针对单一领域，多为单一本体。随着应用需求的不断增长，需要在这些单一本体之间建立桥梁，形成多领域的本体库，实现多个异构数据源的无缝访问，使分布异构的各个领域本体之间可以交换有意义的信息，进行互操作。本书将根据种子植物特有属各类信息资源所在的不同领域概念的异同，构建基于多层结构的云南种子植物特有属本体库，通过对各领域知识的概念化和模型化，实施异构数据源到全局模式的映射与转换，从而实现各类数字资源共享。

（3）随着地理信息系统（geographic information system，GIS）、遥感（remote sensing，RS）、全球定位系统（global positioning system，GPS）等空间信息获取技术在农业中的广泛应用，大量农业空间数据被采集、存储，为农业领域相关研究提供了便利。但是，目前构建的农业本体只针对文本信息进行构建，空间信息作为一种重要的数据资源却被忽视了。针对这一问题，本书拟建立一个可重用的地理本体语义映射，在实现空间数据共享和重用的同时，实现空间信息的语义检索。

但是，由于研究人员将研究重点集中在通过传统的分类法和叙词表，利用基于概念层次和关系规则的查询扩展方式来提高检索精度和检索效果，忽视了本体中实例层次和概念关系对语义检索效果的影响，没有充分发挥出本体的知识结构优势，导致无法对深层次、复杂的语义关系进行智能推理和检索；同时，从目前的研究现状来看，针对农业领域知识特点的语义信息检索模型的研究还非常有限，且研究仅局限于领域术语与现有检索模型直接结合的范畴，并没有考虑到农业领域术语间的复杂关系；另外，针对农业数据中的空间信息数据的语义检索和实现机制研究还不够深入。

1.4 云南种子植物特有属领域语义信息检索研究背景及意义

云南省地处我国西南边陲，省内海拔相差悬殊，最高点在滇藏交界的德钦县梅里雪山主峰卡瓦格博峰，海拔 6740m，最低点在与越南交界的河口县境内南溪河与元江交汇处，海拔仅 76.4m，两地相距约 900km，高低相差就达 6000 多米；省内的陆生生态系统几乎包括了地球上所有的生态系统类型，主要包括森林、灌丛、草甸、沼泽和荒漠等类型；全省气候类型丰富多样，有北热带、南亚热带、中亚热带、北亚热带、南温带、中温带、高原气候区共七个气候类型。云南独特的地理位置和气候条件，孕育了丰富的物种资源，是我国重要的物种基因库，素有"植物王国"的美誉。据统计，云南拥有高等植物 1.7 万多种，占全国总数的 62.9%；在 1 万多种种子植物中，列为国家保护的珍稀濒危植物就有 151 种，占全国总数的 42.6%。其中，种子植物特有属有 130 属 190 多种，占全国种子植物特有属(269 属)的 48.3%[25]，是我国种子植物特有属最丰富的地区[26]。

植物特有现象的研究有助于人们更好地理解植物区系的起源、种系分化及其演化进程[27-30]。同时，大多数特有植物属于珍稀濒危植物类群或有价值的种质资源，是生物多样性保护的重点对象[26,31]。因此，对云南地区种子植物特有属进行全面、深层次研究，不仅对于理解云南地区植物区系的起源和演化具有十分重要的理论价值，而且对保护云南生物多样性和可持续地合理开发利用云南生物资源具有极为重要的实践意义。

目前已有大量研究表明，特有种子植物的分布与经度、海拔、大气环流、地形、温度、降水等多种环境因素有着密切的联系[32-37]。利用 GIS 技术、差距(gap)分析、多元分析方法等，对种子植物周边环境进行综合考察，对区域内特有种子植物多样性及其分布格局、成因、区划和"热点"地区确定等方面进行研究，才是特有种子植物研究和保护工作的重点。但是，目前云南地区有关特有种子植物的分布格局、生理特性，以及相关的地理、气候和野外生境等信息资料存在着存放分散，集成整合度低，数据标准不统一、不系统、共享性差、查找难等问题，极大地制约了云南种子植物特有属的大尺度、系统研究。具体地讲，主要存在以下问题。

（1）由于云南种子植物特有属领域知识涉及专业较多，各类信息资源分布在不同数据库和专业网站中，各种资源检索方法不尽相同，研究人员需要掌握各种不同界面的数字资源系统检索技术，花费大量时间和精力去分别浏览、检索、汇总各类信息，造成这些信息资源综合利用程度偏低，制约了云南种子植物特有属的大尺度、全面系统研究。例如，目前包含云南特有种子植物相关信息的文本和图片就分散存放在国家农业科学数据中心（www.agridata.cn）、中国数字植物标本馆（https://www.cvh.ac.cn/）、中国植物科学数据中心（www.plantplus.cn/cn）、中国植物图像库（https:ppbc.iplant.cn/）等几十个专业数据库中；另外，目前我国积累的农业数据（全球气候模拟、精确农业、遥感数据、生物计算、作物生长模拟、土壤数据、水利资源、降水数据、电子农务、农村电子政务、数字媒体等）、农业网站信息资源等已近 TB 量级，其中存放着大量涉及云南特有种子植物的相关信息。

（2）由于云南种子植物特有属领域信息存在于不同数据库和专业网站中，这些信息以文本文件（text file，TXT）、超文本标记语言（hypertext markup language，HTML）、XML、多文本格式（rich text format，RTF）、便携文件格式（portable document format，PDF）等不同数据格式存在，以中文、英语、拉丁文等不同语言形式存在，而目前的检索工具大多不能提供异构数据的信息检索；同时，这些来自互联网及专业数据库的信息一般只能实现基于关键字的简单检索，不具有语义联想能力，这就导致了由于词不匹配，用户有时不得不变换查询词，往往只有查询词出现在文档中才可能被检索到，因而经常出现与用户查询请求相关的文档由于用词不同而无法被检索出来的情况。

（3）云南种子植物特有属领域信息不仅以文字和图片的形式存在，还存在着大量基于 GIS 的空间信息（例如，在对云南种子植物特有属生物多样性空间格局进行研究时，就需要涉及包括纬度梯度、海拔梯度、经度梯度以及温度和降水梯度等多项空间信息）。但是，由于 GIS 在很长一段时间内处于以具体项目为中心的孤立发展状态，再加上空间数据特有的时空特性、获取手段的复杂多样性，以及绝大多数 GIS 软件都定义了自己专有的空间数据格式，从而形成了今天多种格式数据并存的格局，使空间数据互操作与集成应用成为一个难题[38]。特别是随着 Web 应用模式的迅速发展，越来越多的空间数据采用服务的方式对外发布，从而极大地丰富了 Web 上的空间数据资源。然而，由于数据的发布者往往具有不同的行业背景，依靠的数据标准和规范也不尽相同，在数据服务的描述上会出现语义异构[39]。这些问题给综合利用不同 GIS 中的云南特有种子植物空间信息，实现数据共享和互操作带来了极大的不便。

第 2 章　相关理论知识概述

2.1　知识库概述

知识库的概念来自人工智能领域，是专家系统的核心组成部分。知识库系统的长足发展得益于人工智能和专家系统的发展。对专家系统中的知识进行管理和存储是它的主要功能[40]。从存储方面讲，知识库可以看成存放知识的容器，是由事实和规则两个部分构成的；从使用方面看，它是由知识本身和处理知识的单元构成的。它是一个知识集合，在其内还有一些处理知识的方法，如对知识的归纳、推理、演绎等，以及逻辑查询语言等[41]。

知识表示、获取和推理这三项技术是构建知识库的关键。如何将人类理解的知识用形式化的方式表示出来并且可以让计算机理解并处理，这个问题就是知识库首先要面对的关键问题；其次就是要选择何种知识、从哪里获取知识来构建知识库；最后在知识库中实现相应的推理，使该知识库能够得到更广泛的应用[42]。

知识表示得越合理，知识结构就可以越清晰，知识求解问题的结果也就越好，处理知识的时间也会大大缩短。面对世界万千的知识时，有不同的知识表示方法来应对，才可以达到最好的效果[43]。从研究知识库至今，无论知识表示方法还是知识库的构建方法都在不断发展，很多学者提出了不同的知识表示方法来应用到不同领域的知识表示中，部分知识表示方法如表 2-1 所示。

表 2-1　部分知识表示方法

方法	定义	应用特点
产生式表示法	用"if...then..."表示知识的因果关系	适合表示因果关系，简单，易于维护
语义网络表示法	用节点和连接点表示概念及其之间的关系	适合概念之间关系的推理
框架表示法	将概念的所有知识都存储在一起的结构	适合知识具有很强层次的领域
谓词逻辑表示法	由谓词符号、变量、函数组成 $P(A_1A_2\cdots)$	适合陈述性强的推理
面向对象表示法	以对象为中心，将对象属性、行为、方法等封装在结构中	适合于概念特征的表示，表示类的继承关系
过程表示法	根据问题的求解目标，依照事物的发展过程设计	适合实验性知识领域
神经网络表示法	通过大量的神经元连接来隐式表示知识，并可以将知识从获取开始不断进步的过程融为一体	适合求解最优化问题
基于本体的表示法	将实体抽象，强调类间的关系	适合知识重用和共享

从表 2-1 可以看出，不同的知识表示方法都在不同的知识领域发挥其优势，避开自己的不足。因此，根据不同的领域和类型的知识选择不同的知识表示方法是很重要的，要将所有因素都考虑全面。结合本书主题和领域特点，本书采用基于本体的知识表示方法[44]。本体的描述语言有很多种，在表达知识方面各有优势，并且有相应的规则。这些统一的语言和相对应的规则有利于对本体知识库实现标准化管理。再在建好的标准化的本体知识库中添加推理规则实现基于规则的推理，这样就快速实现了知识库的建立，并且标准化意味着可以和其他相关本体实现复用或知识的共享，其他本体工作者也可以一起参与开发[45]。

2.2　语义 Web 概述

语义网这个概念由 Berners-Lee 等首次提出[1]。简单来说，能够对词语和概念以及它们的逻辑关系进行智能判断，能够从事人类所从事的工作，提高人与计算机的交流效率和价值，这样的网络就叫作语义网。它可以类比成一个巨型化的人脑，具有超高的智能和超强的协调能力。万维网的资源是庞大的，很难从中精准地找到所需要的信息，有了语义网，我们就能够利用其中的智能软件筛选出相关的信息，将分散的信息孤岛集合成一个庞大的数据库。因为它的出现，人类不再因网页搜索的繁重劳动而苦恼，大大减轻了工作负担。2000 年的 XML2000 会议上，Berners-Lee 等也首次将语义网的层次结构（图 2-1）展示给了大家。Berners-Lee 等在《科学美国人》杂志上将语义网这一伟大思想与对语义网美好的愿景呈现给了广大读者。以 2002 年 6 月语义网国际会议（International Semantic Web Conference，ISWC）以及国际万维网大会（The International Conference of World Wide Web，WWW）为开端，有关语义网的研究工作也正式全面展开了[46]。

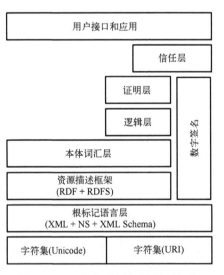

图 2-1　语义网的层次结构

如图 2-1 所示，图中展示了语义网的"分层蛋糕"模型。

（1）"字符集"层。

主要包括 Unicode 和 URI。Unicode 是一个字符集，URI 为统

一资源标识符 (uniform resource identifier)。

(2) 根标记语言层。

其中，XML 称为可扩展标记语言，是整个层次模型的基础，是一种允许用户使用自己定义的词汇表来撰写结构化万维网文档的语言。XML 特别适合在万维网上发送文档。此外，用于 XML 中的统一资源定位符 (unified resource locator，URL) 可以按照它们的命名空间 (就是图 2-1 中的 NS (namespace)，用来表明含义，避免命名产生冲突) 聚类；XML Schema 是为了保证 XML 文档的有效和完整而为其提供的一种语法结构上的约束。

(3) 资源描述框架。

RDF 称为资源描述框架，是一个基本数据模型，它表达了万维网对象的声明，它有一个基于 XML 的语法，但又不依赖于 XML，所以在 XML 的上层。RDF 模式提供将万维网对象组织为层次结构的建模原语，可以看成一种表达本体的语言。

(4) 本体词汇层，是语义网的核心。

该层的作用主要是对应用领域的资源以及它们的关系进行描述，并对词汇表进行扩展，使其允许表达万维网对象间更加复杂的联系。

(5) 逻辑层。

用于进一步增强本体语言。

(6) 证明层。

包括实际的演绎过程以及使用万维网语言来表达证明和验证证明。

(7) 信任层。

将伴随使用数字签名和知识的其他表示类别出现。

(8) 面对用户的接口和一些应用[47]。

语义网发展至今，研究方法也日益增多，很多成熟的工具或程序接口已经得到了广泛的应用[48]，而其中本体层将会是本书的研究重点。

2.3　本体定义和类型

2.3.1　本体的定义

早在古希腊时代，本体的概念就出现在了哲学领域。当时的亚里士多德给出了本体最原始的定义，他将本体描述为"对世界客观存在物的系统描述"，即"存在论"，本体关心的是客观现实的抽象本质。20 世纪 60 年代，本体被引入信息领域后，越来越多的计算机信息系统、知识系统的专家学者开始研究本体[16-18]，并给出了许多不同的定义。其中最著名并被引用最多的定义是由 Gruber 于 1993 年提出的"本体是概念化的明确的规范说明"[15]，1997 年，Borst 在 Gruber 研究的基础上做了进一步的补充，定义为"本体是共享概念模型的形式化规范说明"[49]，Studer 等对上面两个定义进行了深入研究，认为本体是共享概念模型的明确的形式化规范说明，这也是目前对本体的统一看法，在含义上主要有以下四层[50]。

（1）"概念模型"是指对某个事物或现象的抽象模型，可以通过相关概念来描述和理解。

（2）"明确"是指所使用的概念等在定义上必须明确，不能有任何歧义。

（3）"形式化"是指本体采用的是计算机理解的数字描述的，而不是自然语言。

（4）"共享"是指本体所构建的本体知识是有权威性的被公共认可的概念集。

Corcho 等认为本体中的知识形式化主要由五部分构成：类或概念（concepts）、关系（relations）、函数（functions）、公理（axioms）和实例（instances）[51]。其中公理代表着领域知识中的永真断言。

2.3.2　本体的类型

按照不同的分类标准，本体可以有不同的分类方式，本体类型提法不一。从形式化程度上，可以将本体分为非形式化、半形式化、形式化、严形式化四类本体；根据复杂程度，本体可分为重量级本体、中量级本体、轻量级本体三类。Guarino[52]将详细程度和依赖度作为本体的分类依据，详细程度高的为参考本体，低的为共享本体。还可以根据依赖度将本体分为四类：顶级本体、领域本体、任务本体、应用本体[53]。本书所要构建的就是一种领域本体，它描述的是特定领域中的概念及其关系，需要将顶级本体的概念具体化。

2.4　本体描述语言

本体有相应的描述语言支持，包括资源描述框架模式（resource description framework schema，RDFS）、Web 本体语言（web ontology language，OWL），以及简单 HTML 本体扩展（simple HTML ontology extensions，SHOE）等。其中 SHOE 是基于 HTML 的，其他语言是基于 XML 的[54]。本体的语言堆栈如图 2-2 所示，其中 DAML-S 是 DARPA agent markup language-service 的简称，是用于描述 Web 服务的语言；DAML-R 是 DARPA agent markup language-reference 的简称，是一个用于表示元数据的语言；OIL 的全称是 ontology inference layer，是一种用于描述和推理本体的语言；XOL 的全称是 XML ontology language，是一种基于 XML

的 本 体 语 言 ； DAML Ont(DARPA agent markup language ontologies)是一种基于 XML 的本体语言,它是为美国国防部高级研究计划局(Defense Advanced Research Projects Agency, DARPA)的代理标记语言(agent markup language, DAML)项目开发的,DAML Ont 用于定义网络上的资源、代理和服务的语义,以便在不同的应用和服务之间实现更好的互操作性。

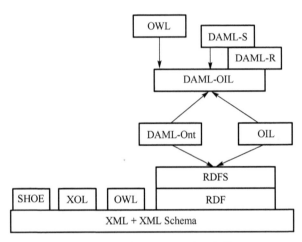

图 2-2　本体的语言堆栈

OWL 是万维网联盟(World Wide Web Consortium, W3C)于 2004 年提出的本体标记语言,鉴于 RDFS 在表达方面所反映出的不足,我们需要用其他的本体语言来进行补充,以提高描述能力,于是就出现了 OWL。OWL 相比于 RDFS,对属性和类描述的词汇更多了,通过提供更多有形式语义的词汇,使语义信息更加丰富,含义也更加精准,使知识能够更容易被计算机识别并处理[55]。本书仅对 OWL 进行分析。

OWL 提供了三种不同表达能力的子语言,每种子语言都有其独特的底层语义,以满足不同的需求,下面将按照表达能力的强弱顺序进行说明。OWL-Lite 的表达能力最弱,相对简单,多数描

述词汇不可使用；OWL-DL（DL 表示描述逻辑（description logic））
这种语言使用时必须满足一定的约束，会在表达能力上受限，但
推理效率较高，可以利用现在常用的推理机；OWL-Full 在结构上
和语义上完全与 RDF 向上兼容，这个语言表达能力太强以至于是
不可判定的，即没有完备的推理支持[47]。

　　OWL 中重要的类和属性如表 2-2 所示。

表 2-2　OWL 中重要的类和属性

OWL 类、属性	描述
owl:Thing	最一般的类，是所有类的父类
owl:Nothing	空类
owl:disjointWith	声明类不相交
owl:equivalentClass	声明类等价
owl:ObjectProperty	将对象与其他对象相关联
owl:DatatypeProperty	将对象与数据类型相关联
owl:equivalentProperty	声明属性等价
owl:allValuesFrom	指明全部值所在的类
owl:someValuesFrom	指明部分值所在的类
owl:hasValues	指明属性具有的具体值
owl:onProperty	指定作用的属性
owl:Restriction	约束的声明
owl:minCardinality	指定属性的最小个数
owl: maxCardinality	指定属性的最大个数
owl: Cardinality	指定属性的个数
owl:TransitiveProperty	定义具有传递性的属性
owl:SymmetricProperty	定义对称属性
owl:FunctionalProperty	定义函数属性
owl: InverseFunctionalProperty	定义反函数属性
owl:UnionOf	定义并集
owl:oneof	定义枚举类
owl:intersectionOf	定义交集
owl:complementOf	定义补集

在 OWL-Full 子语言中，所有的构造函数都可以用，但是前面也说明了不可以进行推理。

在 OWL-DL 中，类、数据属性、对象属性、实例等都可以成为资源，但也有一定的限制条件，即要有一定的约束，例如，本书定义了酸竹属是一个类，那么酸竹属就不可能成为任何一个其他类的实例。

在 OWL-Lite 中，因为其表达能力是最弱的，所以很多描述属性都是不能够使用的，例如，不相交 (owl:disjointWith)、基数值 owl:Cardinality 只能取 0 或 1 等[56]。

因为本书的研究对象是云南种子植物特有属，概念涉及广泛、属性关系复杂、实例多，OWL-Lite 的表达能力并不能满足我们的需求，且本书还要进行基于规则的本体推理，所以不能使用 OWL-Full。本书使用 OWL-DL，其语法既可以充分表达云南种子植物特有属领域知识，又可以支持多种推理机。

2.5　本体构建技术

2.5.1　本体的构建

领域本体主要是由领域内的术语构成的，将术语分成类即概念和属性，并添加相应的关系，为属性和类添加相关约束，最后为类添加实例[57]。本体是语义网中较为重要的一层，它是实现互操作、复用和知识共享的基础，所以对它的设计必须精确并且细致。实际上，本体构建是一个既费时又费力的过程[58]。但是，目前并没有一个标准的构建方法可以遵循。

为了使人们在构建本体时得到一些指导，相关的研究人员给出了一些构建规范，用以参考。一般认为，Uschold 和 Gruninger

提出的这五条规则是比较有影响力的[59]。

(1)明确性和客观性(clarity and objectivity)：本体内所有的知识必须有效地表达出其内涵，使每一个术语都是正确的、完整的。

(2)一致性(coherence)：本体中所定义的知识必须和由本体推出来的结论是相容的。

(3)可扩展性(extendibility)：本体应该支持在已添加的知识体系上定义新术语知识，也就是说可以不改变现有的内容来更新。

(4)最小编码偏差(minimal encoding bios)：概念是基于知识而言的，不是依赖于符号编码系统，对于不同的描述系统和表示方法，编码偏差最小。

(5)最小本体承诺：无论构建哪种领域的本体都要尽可能少地进行约束，通过定义约束最弱的公理及提供交流所需的基本词汇，来保证本体的自由，满足使用需求即可。

目前常用的本体构建方法有以下五种。

(1)骨架法，这是由 Uschold 和 Gruninger 提出来的，通常用于快速构建本体原型，特别是在项目初期或者资源有限的情况下[59]。骨架法流程图如图 2-3 所示。

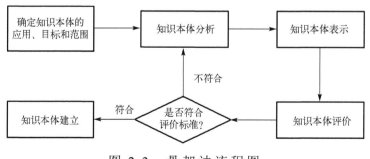

图 2-3　骨架法流程图

(2)TOVE 法[22]，又称 Gurninger&Fox 评价法。TOVE 是指多伦多虚拟企业(Toronto virtual enterprise)。TOVE 流程图见图 2-4。

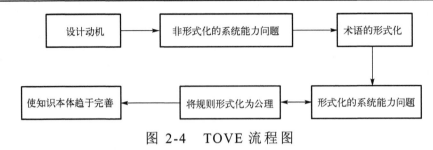

图 2-4 TOVE 流程图

（3）循环获取法。Maedche 和 Staab 提出的循环获取法（cyclic acquisition process）是一种环状的结构[60]，主要对资源进行选择，经过对概念、领域、关系的学习探索，最后对已构建的本体进行评估。

（4）KACTUS（knowledge acquisition and conceptualization of task-oriented user support）工程法。KACTUS 主要用于支持基于用例驱动的软件开发过程中的知识获取和建模。KACTUS Ontology 用概念建模语言（conceptual modeling language，CML）描述。

①应用说明：提供应用的上下文和应用模型所需的组件。

②相关本体的初步设计：在构建本领域本体之前，要先检索相关的领域本体是否已经构建，如果有就可以对其进行复用；如果没有再进行下一步。

③构造本体。

（5）七步法。这个由 Noy 和 McGuinness 提出的七步法[61]，被很多研究学者所采用，步骤如下。

①识别构建本体的目的和范围。在构建本体之前需要弄清楚构建本体的原因和用途，并确认本体的使用范围和用户，从相关专家或权威著作中获取相应的领域知识。

②考察复用现有本体的可能性。为了将自己研究的成果和其他应用平台或知识库实现共享，可以考虑对现有本体进行复用。

③枚举本体中的重要术语。领域术语的提取是本体构建中最

为重要的一步。

④定义类和类的等级体系。在识别相关术语之后，需要将这些术语组织成一个分类层次结构。注意，分类层级的质量应得到保证，包括深度和宽度的合理性。

⑤定义类的属性及其内部结构。在组织类层次的过程中，属性的定义通常与类的层次构建过程交互进行，这是一个自然的过程。这一步骤旨在明确各类的属性特征以及属性之间的内在关系，以确保类的表示和层次结构的完整性与一致性。

⑥定义属性的分面。分面即属性的不同方面或特征，以更加详细地描述属性的含义和语义。

⑦创建本体实例。创建实例要基于已定义的类来选择要创建实例的类，通常实例的数量会超过类的数目几个重量级。

2.5.2　本体构建的开发工具

为了更好地实现本体的构建，有许多用于编辑本体的工具可供选择，如最早的 Ontolingua、OntoSaurus、WebOnto，到 Protégé-2000、OBO-Edit、Java 本体编辑器等。它们可以支持多种格式的本体描述语言，如 OWL、OWL2、XML、RDFS 等，并且各自都有一套本体开发环境，能够新增其他模块来满足更多的功能需求[62]，所以可扩展性很好。

在这之中，斯坦福大学医学院的情报学研究学者采用 Java 语言开发研制的 Protégé 是一种相对完善且使用方便、简单、开源、免费的工具。它不仅对不同数据格式有良好的支持性，而且对汉字仍然有较好的支持效果；对于本体当中的类、属性和实例等构件，可以清晰地展示并提供存储功能，能够实现将本体输出到常用关系型数据库中存储；Protégé 中还提供很多应用插件来满足不同需求，使产品的扩展性很强[63]；也正是因为这种优势，它成为学者构建本体的首选工具，本书在构建云南种子植物特有属领域本体时也选用 Protégé。

2.6　植物的鉴别

植物鉴别是植物研究开发的基础性工作，对于区分植物种类、研究植物进化规律等很有意义。植物鉴别方法包含很多种，其中主要包括传统鉴别法、分子鉴定法、光谱鉴定法、图像识别法和数量分类法。

1）传统鉴别法

目前常用的传统鉴别法主要是通过编制和查阅植物分类检索表，由专业人员手工对其进行鉴别。这种鉴别方法凭借专业人员的知识和经验进行资料收集、整理，要求鉴别人员具备较多的植物学、地理学、生物学等领域的专业知识，不但耗时、费力，具体鉴别操作极为不方便，而且容易因人为因素造成重要资料的遗漏，所以该方法还存在要解决的问题。

2）分子鉴定法

分子鉴定法是基于分子标记技术的鉴定方法。分子标记技术随着生物分子学的发展而产生。生物体内的脱氧核糖核酸（deoxyribonucleic acid，DNA）携带大量信息，在同一个物种内存在遗传稳定性，所以将 DNA 分子标记技术应用在植物鉴别方面可带来很好的成果，结果也更为可靠。但目前，这项技术还处于不成熟阶段，人们对于 DNA 还存在很多的未知，所以在实际应用中还需要经过漫长时间的考验[64]。

3）光谱鉴定法

利用光谱鉴定化合物的化学结构及定性鉴别的方法，称为光谱鉴定法，它被应用在有机化合物的结构鉴定中，例如，中药材、纤维材料、食品等领域[65]。

作为复杂的混合物体系，每一种植物所含的化学成分都不尽相同，水、碳等含量也都不同，这就造成了拉曼谱图的差异。所以，近几年研究人员利用光谱分析方法来对植物种类进行鉴别，取得了较好的鉴别效果。虽然这种方法能够实现植物种类的快速鉴定，但常规的光谱分析方法是需要在破坏植物完整性的基础上进行的，不利于植物鉴别。

4）图像识别法

近年来，利用 MATLAB 等工具对植物图像进行处理以实现对植物的鉴别成为一种新的方式，通过这种方式能够提取相应的特征信息与数据库进行比对查询来获取结果。其中部分学者通过对植物的叶片图像进行识别，实现了对植物种类的鉴别[66-69]；还有一些研究人员尝试利用人工神经网络等现代人工智能算法，通过对植物图像的机器识别，实现植物种类的鉴别。

但是，这种利用图像识别技术对植物进行鉴别的方法，还存在着一些问题。

（1）目前，用于图像处理的图片需要具备高清晰度和简单的背景，不能包含任何其他杂质。为了满足这些要求，通常需要利用图像分割等技术对图片进行处理，因此对图片质量的要求特别高。

（2）不同研究者使用的图像数据库各不相同，很难比较识别效果的性能优劣，且难以用于实践。

（3）当前图像分类只能处理小部分的植物识别，处理能力有限，范围也很小。大规模的植物识别在实现上有很大的难度。

（4）虽然一些算法在实验环境下有较好的识别效果，但是这些算法对自然状态下成像的图像的识别效果还存在缺陷。

5）数量分类法

数量分类法是将计算机科学应用于分类学中而建立起来的一门新兴边缘学科。数量分类学在植物分类中的应用，主要依据植物的表型特征，结合植物形态结构学、细胞学和生物化学等相关数据，运用数学模型和计算机技术进行定量分析。通过这种方法，可以得出植物间的定量比较结果，从而揭示植物的区系关系[70]。

数量分类学在植物鉴别过程中的应用，主要依赖于植物的外观形态特征。通过对大量特征数据的提取和分析，结合数学方法，可以得出植物的分类和鉴别结果。首先，选择植物的一些比较稳定的外观形态特征；其次，观察和测量这些性状的数量和形态描述即原始数据；最后，通过对这些采集回来的数据进行数学的统计分析等，得出植物间精确的归属关系并进行分类和鉴别。近年来，这种植物鉴别方法研究取得了大量的研究成果，也促进了植物分类技术的发展。同时，这一方法也很容易被推广应用到植物的鉴别和良种的鉴定等方面，具有很好的应用前景和推广价值。

2.7　基于数量分类的植物鉴别算法

2.7.1　基于数量分类简介

自然界植物资源极其丰富，其中在《中国植物志》中记载的维管束植物就达 31142 种[71]。面对浩如烟海的植物，即使是一个资深的植物专家也不可能鉴别出所有的植物，植物知识也往往存在着存放分散、不易检索、经典分类学后继乏人且相关的计算机应用也处于较低水平[72]等问题，因此植物品种鉴别对于植物知识的快速检索具有重要意义。传统的形态学和统计数学形成了数量分类学。数量分类学，顾名思义就是利用植物的各项数据对植物进行区分。大自然的神奇力量造就了缤纷多彩的世界，就植物而言，可以从外部形态的数量关系、市场价值的数量关系等角度去描述它。显然可以看出，依照其外部数量关系描述它更加直观、更加适合实际应用。大量的实验表明，植物的外部形态特征足以描述和区分不同种类的植物。基于数量分类的方法已经成功应用于繁缕属、金银花、山羊豆族植物以及中国传统大菊品种的分类研究。虽然基于数量的植物分类在多个方面得到了应用，而且能实现植物的精确分类，但是在计算机方面应用得还不多，尤其是将其作为信息检索的依据的应用不多。

2.7.2　正态云模型简介

自然界中存在的大量模糊概念，通常近似地服从正态或半正态分布[73]，因此本书引入正态云模型将模糊的定性概念描述成定量的数字，实现定性到定量的转换。本书使用的是由王国胤教授等提出的正态云模型[74]，定义如下：设集合 $A = \{a\}$ 为定性概念集合，每一个集合中的值 a 映射到数域空间 X 的任意点 x 都存在一个稳定倾向的数 $\mu_A(x)$，$\mu_A(x)$ 叫作 x 对 A 的隶属度。通常用期望值 E_x、熵 E_n 来确定正态云的曲线方程：

$$\mu(x) = e^{-\frac{(x-E_x)^2}{2E_n^2}}$$

式中，期望 E_x 反映了在数域空间中最能代表定性概念 A 的点；熵 E_n 反映了在数域空间可以被定性概念接受的范围大小，通常熵越大，概念越宏观[75]。正态云模型在预测[76,77]、评价[78,79]等方面得到了广泛的应用。

2.7.3　层次分析法概述

层次分析法 (analytic hierarchy process，AHP) 是一种常用的

权重决策分析方法，通常作为综合评价算法使用。层次分析法由美国匹兹堡大学的教授萨蒂（Saaty）在 20 世纪 70 年代初研究依照每个部门对国家经济发展的贡献分配电力这个课题时提出，结合了网络系统理论和多目标综合评价方法。层次分析法是将决策问题分解为不同的层次结构，通常分解为总目标、各层子目标、评价准则以及具体的备选方案；然后通过求解判断矩阵（判断矩阵通常为领域专家给出的评分矩阵）特征向量的办法得到每一层次的要素对上一层次某要素的权重大小；最后通过加权和的方法依次归并计算各个备选方案对总目标的最终权重，选择最终权重最大者作为最优方案。层次分析法中的权重是一种相对的量度，它表明各备选方案在某个评价准则下的优越程度以及衡量每个子目标对上一层目标的重要程度。使用层次分析法解决分层交错评价指标的目标系统以及目标值难以定量描述的决策问题有着不错的效果。该方法的使用步骤如下：

（1）构建一个判断矩阵；

（2）计算该矩阵的最大特征值及其对应的特征向量；

（3）对特征向量进行归一化处理，得到每个指标相对于上一层次相关指标的相对重要性；

（4）选择权重最大的指标作为最优方案。

2.7.4　灰色关联分析法

灰色关联分析（grey relational analysis，GRA）法是一种对一件事物发展变化趋势的定量描述方法，灰色关联分析的基本思想是通过计算标准数据向量和一组比较数据向量的几何形状相似程度来得出它们的关联程度[80,81]。

灰色系统理论是由邓聚龙教授提出的一种系统科学理论[82]。灰色关联分析，就是依照各因素变化的相似程度来判断各个因素之间的关联程度。这种方法通过对动态过程发展趋势进行量化计算来比较与时间序列有关的统计数据的几何关系，最后得出标准向量与各比较向量之间的灰色关联程度。比较向量与标准向量紧密度越大，其发展趋势和速率越接近标准向量，也就是说与标准向量的关系越紧密。灰色关联分析法对样本容量要求不高，也同样适用于无规律的数据，且不会出现量化结果与定性分析结果不符的情况。它的基本处理步骤是先将反映评价指标的原始观测数据进行无量纲化处理；然后计算关联系数、关联度；最后对待评价指标进行排序。灰色关联分析以其强大的通用性和不俗的性能，已经应用到了社会科学和自然科学的各个领域，尤其在解决社会经济领域的问题方面，如产业结构调整决策、国民经济各部门投资收益、区域经济分析等方面都取得了较好的应用效果[83]。

2.8　词语语义相似度计算

词语语义相似度来源于计算机语言学等领域，它可以度量术语、词汇、概念之间的相似程度，被看作概念在分类上的相似程度[84]。词语语义相似度的计算在语义检索、自动问答、文本聚类等应用中起着重要的作用[85]。目前植物的检索方式大多基于关键字匹配和倒排索引[86]，几乎没有语义功能。这种检索方式不能理解用户的查询意图，一旦用户输入不准确的查询词就会得到许多不相关的结果。将词语语义相似度计算引入检索系统后，检索系统便具备了语义联想功能，就算用户输入模糊的查询词，检索系统也能检索出用户关心的信息。

基于同义词词典的词语语义相似度算法中，同义词词典一般指的是梅家驹编纂的《同义词词林》，它具有实现简单、高效、直观、易于理解且不需要训练的特点，因此基于同义词词典的词语语义相似度算法在各个领域得到了广泛的应用[87]。但是目前它还存在以下问题。

(1) 词典的词条更新不及时。由于基于同义词词典的词语语义相似度的计算依赖于语义词典，而编纂词典通常需要多名顶级语言专家共同完成，网络时代的知识爆炸使词典滞后于新兴词语的出现。

(2) 领域内的专业词汇收录不全。每个领域有每个领域的专业知识和词语，语言专家作为语言领域的专家，在编纂语义词典的时候势必不会把所有专业领域内的词语囊括其中。

面向云南种子植物特有属领域的语义检索能最大限度地集成和利用各类云南种子植物特有属相关的信息资源，快速、完整、智能地提供各种信息服务，这已成为研究和保护云南特有种子植物的新需求。目前在这个领域没有专业的语义词典，并且没有较好的词语语义相似度算法，如果完善了此领域的内容，则将大大改善云南种子植物特有属领域语义检索的效率。

2.9　查询词扩展方法

2.9.1　基于局部分析的查询词扩展概述

随着信息技术的发展，信息量呈指数增长，传统的检索系统出现了查询词不匹配、用户查询信息不全、缺乏语义联想功能等问题，从而导致了召回率和准确率的低下。查询词扩展技术是一项使查询词具有语义联想功能的技术。查询词扩展是将与初始查询词相似或相关的概念添加到初始查询词集合中，由此得到一个较初始查询词集合更长的查询词扩展集合。本书选用的是基于局部分析的查询词扩展方法，局部分析就是对部分质量高的文本数据进行分析，不需要对全部文本数据进行分析。这种方法对初检文本数据的质量要求很高，因此改善初检文本的质量就能提升查询词扩展的性能，同时相对于全局分析，局部分析效率高、响应快。目前，基于隐含狄利克雷分布 (latent Dirichlet allocation，LDA) 模型的查询词扩展方法已得到了实现并且取得了不错的性能，但排序函数只考虑了主题词和查询词的相似关系，这样简单的计算势必会影响排序结果。基于排序学习方法的查询词扩展技术也具有不错的性能，但根据特征词在文本中的数学统计关系来扩展查询词，这种方法挖掘潜在主题的表现不佳。而本书提出的查询词扩展模块结合了两者的优点，在得到质量良好的初检文本的同时也能挖掘出隐藏的信息，大大提高了扩展效率，缩短了分析时间。

2.9.2　LDA 模型概述

LDA 模型是一种生成模型，由 Blei 等[88]在 2003 年提出。它是一种非监督的机器学习算法，可以挖掘出文本中潜在的主题信息。在此模型中，一篇文本的生成过程可以这样描述：先根据以往每篇文章的主题分布选择一个主题，然后根据这个主题的词语概率分布选择词语，重复以上过程。LDA 主题模型的图模型如图 2-5 所示。

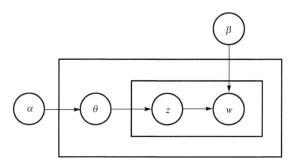

图 2-5　LDA 主题模型的图模型

LDA 认为文档的主题分布 θ 服从狄利克雷分布，α、β 分别表示其狄利克雷分布的先验参数；主题 z 是从文档的主题分布中采样得到的隐变量，而词语 w 是从每个主题的词分布中采样生成的。综上所述，文本的联合概率分布可以表示为

$$p(D|\alpha,\beta)=\prod_{d=1}^{M}\int p(\theta_d|\alpha)(\prod_{n=1}^{N_d}\sum_{z_{d_n}}p(z_{d_n}|\theta_d)p(w_{d_n}|z_{d_n},\beta))\mathrm{d}\theta_d \qquad (2\text{-}1)$$

式中，M 是文档的数量；N_d 是第 d 篇文档中的词语数；θ_d 是第 d 篇文档的主题分布，服从狄利克雷分布 $\mathrm{Dir}(\alpha)$；z_{d_n} 是第 d 篇文档中第 n 个词的主题；w_{d_n} 是第 d 个文档的第 n 个词；$p(\theta_d|\alpha)$ 是指文档 d 的主题分布 θ_d 在超参数 α 条件下的概率分布；$p(z_{d_n}|\theta_d)$ 表示从文档 d 的主题分布 θ_d 中为第 n 个词选择主题 z_{d_n} 的概率；$p(w_{d_n}|z_{d_n},\beta)$ 表示根据选定的主题 z_{d_n} 从主题的词分布中生成词 w_{d_n} 的概率。

2.9.3 RankSVM 概述

RankSVM 是一种基于支持向量机（support vector machine，SVM）的文本排序算法，它依靠训练集中的不同相关度的文档将排序问题转化成二值分类问题[89]。假设查询集合为 $Q=(q_1,q_2,\cdots,q_i)$，文本集为 $D=(d_1,d_2,\cdots,d_n)$，文本特征表示查询关键词在文本中的统计关系，如关键词在文本中出现的频率、信息量和共现关系等，用 $X=(x_1,x_2,\cdots,x_n)$ 表示，文本对 (x_u^i,x_v^i) 表示对查询 Q 的偏序文档，假设对于查询 Q，x_u^i 比 x_v^i 更相关，此文本对就被标记为 1，否则被标记为 0。重复以上标记过程便得到了相对查询 Q 的标记集 $y_{u,v}^i$，此时文本的排序问题就变成了对文本对的分类问题。因此，排序函数可以定义为 $f(x)=\omega^{\mathrm{T}}X$，其损失函数如下：

$$\min \frac{1}{2}\|\omega\|^2 + \lambda \sum_{i=1}^{n} \sum_{u,v,y_{u,v}^i=1} \xi_{u,v}^i$$

$$\text{s.t.}\quad \omega^{\mathrm{T}}(x_u^i - x_v^i) \geqslant 1 - \xi_{u,v}^i, \quad y_{u,v}^i = 1 \tag{2-2}$$

$$\xi_{u,v}^i \geqslant 0, \quad i = 1, 2, \cdots, n$$

式中，λ 控制了对惩罚项的权重，较大的 λ 使模型更加关注减少排序错误或违反约束的惩罚，而较小的 λ 则使模型更加关注降低参数的复杂性，从而趋向于更简单的模型；ω^{T} 表示支持向量机权重向量的解；n 表示文本数；ξ 表示松弛变量。

第3章 云南种子植物特有属领域本体的构建研究

针对不同领域的本体，构建的方法也是不同的，并没有一个标准的本体构建方法。对于大型领域本体来说，因为存在大量的数据，所以越简单的概念关系结构就越利于数据的存储[22]，如基因项目本体（gene ontology，GO）。所以本书依据云南种子植物特有属领域的特点，主要利用七步法结合领域本体中的核心概念与关系构成来进行本体的构建。这样既保证了特有属领域本体结构简单、实用性强，又有利于今后对该领域本体的扩展。在本书中，构建云南种子植物特有属领域本体是研究的重点内容，也是云南种子植物特有属领域本体知识库的重要组成部分，本章将详细描述云南种子植物特有属领域本体的构建思路和流程。流程图如图 3-1 所示。

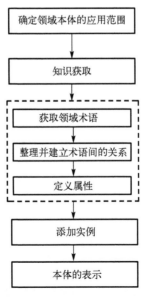

图 3-1　本体构建流程图

3.1　云南种子植物特有属

植物分类的基本单位是界、门、纲、目、科、属、种七个单位，而植物界分为低等植物和高等植物，把高等植物分为四门，分别是被子植物门、裸子植物门、蕨类植物门和苔藓植物门。种子植物指的是裸子植物门和被子植物门这两门的总称。植物区系的重要组成部分之一就是种子植物特有属，中国种子植物特有属数量约占全国总属数的 8.9%[26]。参阅大量参考文献可知，云南省地域范围内种子植物特有属共有 59 科，包括 125 属，共有种子植物 246 种。从表 3-1 所列各项可以看出，表中列出了部分特有属所在的科，其中菊科（Compositae）是含特有属最多的科，有 11 属，其次分别是苦苣苔科（Gesneriaceae）含有 10 属、伞形科（Umbelliferae）含有 10 属、禾本科（Gramineae）和唇形科（Labiatae）分别含有 8 属等[25]。

表 3-1　云南地区中国特有属的主要科、属组成

科名	种数	属名	种数
菊科（Compositae）	11	箭竹属（Fargesia）	41
苦苣苔科（Gesneriaceae）	10	箣竹属（Bambusa）	26
伞形科（Umbelliferae）	10	小芹属（Sinocarum）	9
唇形科（Labiatae）	8	直瓣苣苔属（Ancylostemon）	6
禾本科（Gramineae）	8	短檐苣苔属（Tremacron）	4
十字花科（Cruciferae）	5	高山豆属（Tibetia）	4
毛茛科（Ranunculaceae）	5	翅茎草属（Pterygiella）	4
木兰科（Magnoliaceae）	4	弓翅芹属（Arcuatopterus）	3
兰科（Orchidaceae）	4	毛冠菊属（Nannoglottis）	3
杉科（Taxodiaceae）	3	丫蕊花属（Ypsilandra）	3

3.2 领域术语的确定

本书要构建的目标本体是云南种子植物特有属领域本体，目前在这一领域有关本体构建的研究还不足，所以并没有相关本体可以考虑本体复用的情况。

考虑到所要构建的领域本体的专业性和特殊性，本书提出了一种以描述植物外形特征的术语作为云南种子植物特有属领域知识的主要来源的术语提取方法，用于构建该领域本体，加以一些专业领域的植物学词典、植物志、高等植物图分类学等工具书及相关植物生理生态学等专业书籍和杂志作为辅助来源，对本书中所要研究的课题所涉及的知识进行搜集并找出重要的概念及相关术语[57]。本书参考了现有的相关本体及一些相关的权威文章、书籍，选取《中国植物志》《中国种子植物特有属》《云南植物志》等著作，以及《植物分类与资源学报》《云南植物研究》等专业期刊中的云南种子植物特有属相关内容作为云南种子植物特有属领域术语的依据，对云南种子植物特有属领域本体的术语进行提取。针对植物外形特征进行选择，以此作为判定依据，尤其是一些相对稳定的外观性状。云南种子植物特有属共有 125 属，归于 59 个科，所以植物种类复杂，下面就以罂粟莲花属为例进行说明。在《云南植物志》中对罂粟莲花属的描述如下。

罂粟莲花属，Anemoclema glaucifolium（Franch.）W.T.Wang，植株高 45～80cm。根状茎直或斜，粗 0.6～1.8cm。叶片匙状长圆形或长圆形，长 5.5～17cm，宽 2.8～7cm，顶端圆形或钝，基部近截形，一回裂片 3～8 对，近对生或互生，近平展或稍斜上展，中部的近菱形，基部通常沿羽轴下延，顶端钝，有短尖，羽状分裂，有 1～2 对裂片，表面疏被柔毛，背面沿羽轴密被长柔毛；叶柄扁，有时具狭翅，长 3.5～8.5cm，基部渐变宽成鞘，有长柔毛。花葶近无毛，圆柱形，粗 3～6mm；聚伞花序有 2～4 花，长 15～25cm；苞片长 2.4～4.4cm，宽 4～8mm，披针状卵形或披针状长圆形，羽状浅裂；小总苞的苞片对生，款披针形，长 1.3～1.7cm；顶生花梗长达 16.5cm，花序分枝的花梗长 2～6cm；萼片长 1.6～4.4cm，宽 1.1～3.5cm，背面有短柔毛；雄蕊长 6～9mm，花药长 2～3mm；心皮 60～70，长约 5mm，子房密被绢状长柔毛，花柱比子房长约 6 倍，下部密被长柔毛，上部被短柔毛。瘦果长约 1.2cm，稍扁，密被长头毛。花期为每年的 7～9 月。主要产自云南省的西北部（中甸、丽江、永胜、洱源）。主要生于山坡草地或灌丛下，海拔 1700～3000m[90]。

　　本书结合对其他特有属植物的表述，形成了一份术语清单。特有属是指只在特定区域内分布的属，并不对应某个类。云南地区包含 125 个特有属，例如，酸竹属、罂粟莲花属、野茼蒿属、黄三七属、蛇头芹属、翼柱苣苔属、马蹄芹属、直瓣苣苔属、异颖草属等。特有属外形特征描述包括植株、根状茎、茎、秆、秆壁、箨环、秆环、秆箨、箨舌、箨片、叶片、叶舌、叶耳、叶鞘、总状花序、緣毛、裂片、叶柄、花葶、聚伞花序、小穗、小穗柄、颖片、外稃、内稃、鳞苞片、小包总、顶生花序、花梗、萼片、雄蕊、雌蕊、花、花瓣、花药、心皮、瘦果、子房、花柱、柱头、花冠、冠毛、花盘、小伞形花序、蒴果、种子、果皮、短角果、果梗、小坚果等。这些术语涵盖了对植物不同结构的详细描述，来源于权威书籍，并为植物分类学中的精准描述提供支持，但部分术语可能在描述不同植物时出现交叠。这些术语能够满足云南种子植物特有属领域的研究需求。

3.3　类和类间关系层次的建立

　　所有的领域术语都可以归类为类或属性。本节将说明类的定义、类的层次结构以及类与类之间关系的定义。类的概念是指本体中用于表示对象的集合，具有继承性，即存在父类和子类的关系。构建云南种子植物特有属领域本体的基础在于首先确定类的结构。

类指在某个领域内的相关术语的集合，指任何事物，如在本书中的每一种属。从面向对象的思想来讲，类是具有相同属性和方法的集合，它包含该领域内不同方面的描述，通常是描述一个框架结构。所有的类都是 Thing 这个超级父类的子类。云南种子植物特有属有酸竹属、罂粟莲花属、小芹属、高山石属、黄三七属、丫蕊花属、箭竹属等 125 属，本书将这 125 个属名术语定义成 125 个类，这些都是云南种子植物特有属这个父类的子类，并且将其互相设置为不相交（disjointed）。所以在特有属这个父类下面的每一个属名就是类名，而云南种子植物特有属是 Thing 下面的一个一级子类。因为本书要利用植物自身的外形特征对植物进行描述，所以这些植物的外形特征器官都将是一级子类，如秆、茎、果实、冠毛、瘦果、雄蕊、雌蕊、总苞、秆箨、鳞被等。这些形成了领域本体类层次的结构，即类之间的关系，如图 3-2 所示。

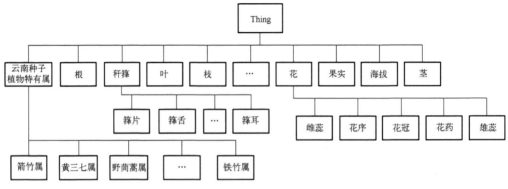

图 3-2　云南种子植物特有属领域本体类与层次（部分）

3.4　属性的定义

仅依靠类及其层次结构的定义，无法充分描述云南种子植物特有属领域的完整知识。因此，在定义领域本体中的类及其关系之后，还需要进一步描述该类的具体细节，即类所具有的属性和方法。在本书关于云南种子植物特有属领域的术语中，除了定义类的术语之外，还包含用于定义属性的术语。属性可分为三种类型，分别是对象属性（object properties）、数据属性（datatype properties）和注释性属性（annotation properties）[91]。对象属性用于表示类之间的关系，如本书中提到的"类属"（Member-of）和"组成"（Part-of）关系，也可以描述类的实例与类之间的关系、类与属性之间的关系等。数据属性则描述类所具备的具体特征，如形状、大小等物理属性。注释性属性用于对属性或类的附加说明，如本书中对某些中文名称的注释说明等。

3.4.1　定义对象属性

本节首先定义 Member-of、Part-of、位于（Local-in）等对象属性。下面以 Member-of 和 Part-of 为例进行说明。Member-of 关系定义了类与类之间的类属关系。B is-a A 表示概念 B 是概念 A 的子类，A 是 B 的父类，所以概念 A 所具有的属性，概念 B 也会继承过来；而概念 B 的实例同时也是概念 A 的实例；Part-of 关系定义了类和对象属性间的组成关系，原理也是一样的。可以将本体中的概念按照图的方式表达出来，概念就是节点（vertex），概念间的关系就是图的连接，用图的形式表示本体结构[92]，如图 3-3 所示。

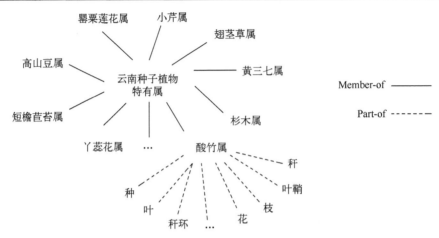

图 3-3　云南种子植物特有属领域本体关系示例图

本书中特有属、酸竹属、紫花酸竹等一类表示为 Member-of 关系，即特有属是一级子类，其下面是云南种子植物特有属所在的 125 属，例如，酸竹属是云南种子植物特有属的一种，紫花酸竹是酸竹属的一种，这样就构成了一组 Member-of 关系，如图 3-4 所示。

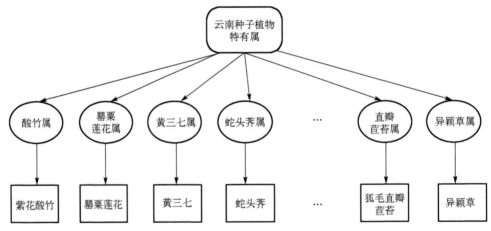

图 3-4　云南种子植物特有属领域本体 Member-of 关系示意图

同时，本书利用植物的外形特征来对特有属进行描述，例如，酸竹属，利用《云南植物志》中对酸竹属的描写，将秆、茎、花序、秆箨、花、竹根、果实等分开描述，这些植物部位与植物本身之间表示为 Part-of 关系，具体描述方式如图 3-5 所示。

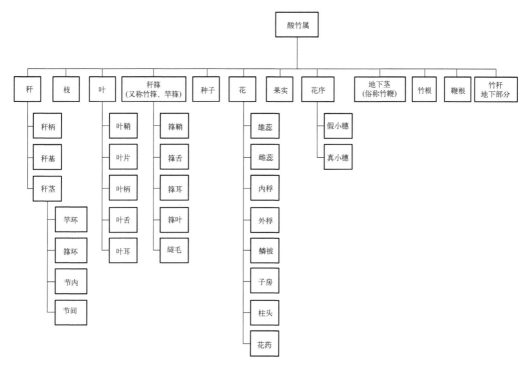

图 3-5　云南种子植物特有属领域本体 Part-of 关系示意图

3.4.2　定义数据属性

依据《云南植物志》和《中国植物志》中对云南种子植物这 125 个特有属外形特征等的描述（有很多数值、形状等的描述），需要对其数据属性进行设置，对象属性的定义域不止可以应用在一种类中，以 longIs 来举例，植物中描写长度的器官不仅仅是一个，可以有秆长、叶长、花柱长等，所以定义域可以选择多种类。表 3-2 是本书设置的部分数据属性。

表 3-2　云南种子植物特有属领域本体数据属性（部分）

类型	属性关系	关系描述	定义域	值域
数据属性	shapeIs	显示形态	籀片等	string
	numberIs	描述数量	雄蕊等	string
	colorIs	显示颜色	花药等	string
	typeIs	描述类型	秆籀等	string
	longIs	长度描述	秆等	string

本体的属性设置多样，作为二元关系，它可以有以下三项重要的设置选项。

（1）基数：为越多越好的属性指出它们是否允许或需要用指定数目的不同取值。经常出现的是"至少一个值"或"至多一个值"。

（2）需要的取值：利用 OWL 中的 owl:hasValue 和 owl:someValuesFrom 指定所需要的取值。

（3）关系特征：关注属性的关系特征，即对称性、传递性、互逆属性和函数属性[93]。

3.5　类实例的添加

在确定本体中类、类与类之间的关系、数据属性及对象属性的工作后，本书进一步为类添加实例。类是抽象描述的集合，而实例是类的具体体现，是一个个体。对每一个类进行实例化即为每一个类添加一个或多个实例个体，也是在整个本体开发过程中相对复杂和烦琐的过程。一个类可以被赋予一个实例，也可以有多个实例，例如，酸竹属下的紫花酸竹种具有 38 个属性用于描述。为此，我们创建了 38 个对应的实例，具体结果如表 3-3 所示。

表 3-3　紫花酸竹本体实例

序号	属性名	属性值
1	名称	紫花酸竹
2	学名	Acidosasa purpurea（Hsueh et Yi）Keng f.
3	别名	美雪奴，毛花酸竹，马关大节竹
4	所属属名	酸竹属
5	资料来源	《云南植物志》
6	分布	云南（绿春、元阳、金平、屏边、河口、马关、麻栗坡）、广西、湖南、江西
7	经济价值	编织用竹，笋干，酸笋
8	笋期	4 月
9	花期	5～9 月
10	秆	高 3～10m，粗 2～8cm，梢头直立，幼秆无毛
11	秆中部	每节具 3 枝
12	节	下方被有白粉
13	节间	长 30～45cm
14	秆壁	厚 4～10mm
15	髓	海绵状
16	秆环	隆起
17	秆箨	革质，被棕色刺毛，基部尤密，无斑点，小横脉不明显
18	箨环	具棕色刺毛
19	叶鞘	无毛
20	叶耳	无
21	叶片	质薄，披针形，长 12～21cm，宽 1.6～2.6cm，下表面呈粉绿色，无毛或具白色小绒毛，两边缘均具小锯齿，次脉 5～7 对，小横脉明显
22	鞘口繸毛	无
23	箨耳	无
24	箨片	披针形，长 5～10cm，直立，背面密被毛，每小枝具叶 4～7 片
25	箨舌	拱形或三角形，高 2～6mm，先端具短纤毛
26	叶舌	强烈隆起，高 1.5～4mm

续表

序号	属性名	属性值
27	繸毛	无或偶有 2～3 条
28	小穗	具 1～5 枚，体扁，紫色，含小花 3～15 枚，长 4～9cm，宽 3～7mm
29	小穗柄	长 1～3cm，上半部被短柔毛，或在小穗单一时则无小穗柄
30	小穗轴	节间长约 5mm，密被毛
31	颖片	密被毛茸，第一颖长 7～13mm，具 7 脉；第二颖长 1.1～1.5cm，具 11 脉
32	外稃	长 1.3～2.1cm，密被黄色绢毛，先端渐尖，具 15～21 脉，小横脉不明显
33	内稃	窄而短，长 7～15mm，先端钝圆形，脊上及顶端具纤毛
34	花序类型	总状花序顶生或侧生
35	鳞被	披针形，长 2～3mm，无毛
36	花药	黄色，长 4～5mm
37	花柱	长 3～4mm
38	柱头	3 裂，羽毛状

3.6　云南种子植物特有属领域本体的实现

目前，已有很多本体建模语言和工具，在第 2 章已经介绍过。本书选择 OWL 作为本体的描述语言，利用 Protégé 本体编辑器对云南种子植物特有属领域本体进行建模，包括对类、类与类之间关系、属性、约束及其实例的定义与添加等。

（1）本书使用 Protégé 4.3 版本进行本体的编辑，Protégé 中本身自定义了一个最大的父类 Thing，云南种子植物特有属领域本体当中所构建的所有类（classes）都是其子类。在其下先建立一级子类"特有属""秆""茎""根"等。然后选取这 125 个具体的特有属作为"特有属"的子类，将云南种子植物特有属总共125 属逐一添加到特有属中，并进行相关的设置，例如，在 comment

描述中标注其中文名称及所属科，针对每一个类的不同特点，可以标注不同的信息以完善本体的构建；还可以设置 disjointed 选项，因为此本体中这 125 个属都是互不相交的，所以在每一个类中都将界面右面的 disjointed 设置成不同于前一类。分别把其他一级类如花、秆、茎、秆箨、冠毛等也如此设置完毕，也可以根据需求来进行其他设置，如图 3-6 所示。

图 3-6　在 Protégé 中建立类

（2）在 Object Properties 选项卡中建立对象属性关系。本体中有两种常用的对象属性关系，即 Member-of 和 Part-of。还要为其设置定义域和值域，以便后续推理查询工作更好地进行。本书将 Member-of 的定义域设置为 125 个属名，值域为特有属；将 Part-of 的定义域设置为用于描述植物外部特征的术语，如秆、茎、植株等，值域设置为 125 个属名，如图 3-7 所示。将对象属性设置完成后，还要回到 Classes 选项卡中将对象属性添加到类中，如图 3-8 所示。

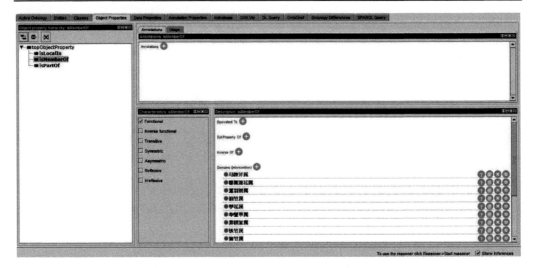

图 3-7　在 Protégé 中设置对象属性

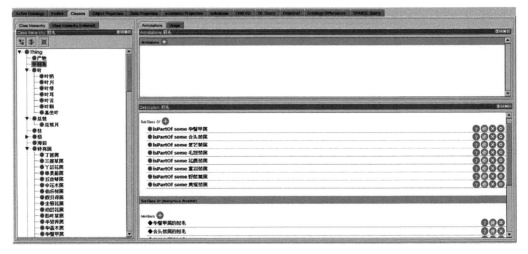

图 3-8　在类中添加对象属性

（3）在 Data Properties 选项卡中建立数据属性。设置好每个属性的定义域和值域，其值域选择 string，定义域要根据不同部位进行选择，如图 3-9 所示。

（4）在 Individuals 选项卡中为每一个类添加实例。在设置完类、对象属性、数据属性等后就可以添加实例。本书选取每一个属下面的一个种作为实例。例如，根据《云南植物志》中的描述，在酸竹属中添加紫花酸竹一个实例，并设置其类型为 string，具体如图 3-10 所示。

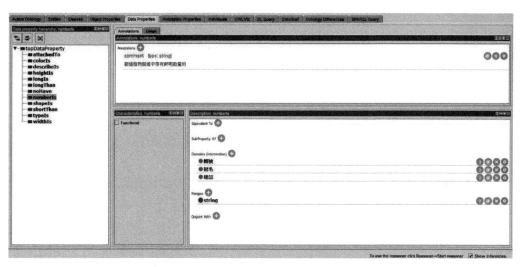

图 3-9　在 Protégé 中建立数据属性

图 3-10　在 Protégé 中添加实例

（5）可以在 Entities 选项卡中查看到每一分部的设置情况，其包含设置的所有内容，如图 3-11 所示。

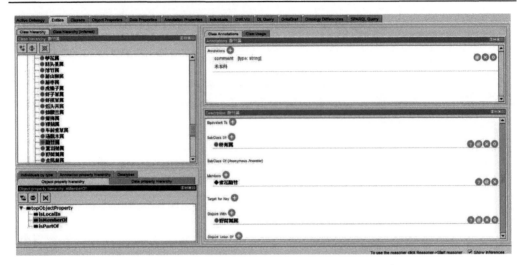

图 3-11　在 Protégé 查看 Entities 选项卡

（6）利用 OntoGraft 选项卡可以查看到整个本体类、类结构及其实例的关系图，如图 3-12 所示。

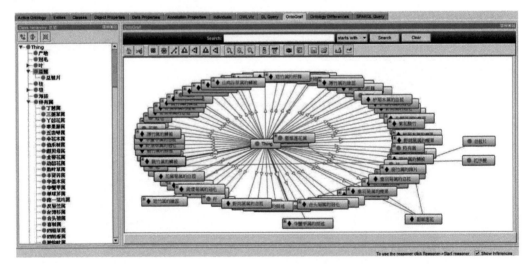

图 3-12　云南种子植物特有属领域本体

3.7　本 章 小 结

　　本章实现的是对云南种子植物特有属领域本体的构建工作，

提出了一种构建云南种子植物特有属领域的本体构建方法。首先依据植物一些稳定的外观特征描述对领域术语进行提取选择；其次确定类的集合、关系的集合及其属性的定义；最后为云南种子植物特有属领域本体添加实例。本章详细说明了各部分构建的方法，并利用 Protégé 软件实现了云南种子植物特有属领域本体的最后呈现。

第4章 云南种子植物特有属领域本体推理查询中关键技术的研究

目前，随着本体被广泛应用于语义网等领域，本体构建及其推理也成为研究热点之一。同时利用植物外观形态对植物进行辨别的研究和应用已经得到了相当程度的发展。例如，基于生物组织学原理的建模方法、基于 MATLAB 的图像建模方法等[94]。但各个方法仍有其自身的适用范围和局限性，且这些方法无法实现基于语义的查询推理。本体理论和推理为辨别云南种子植物特有属研究提供了一种新的途径。专家系统中有很多问题现在在语义层面很难实现，例如，对于知识的组织、对于信息实现智能检索等,但是近年来对本体和语义推理的研究为实现这些提供了可能，可以提供相对应的解决方法。利用本体技术可以展示出相对完全的类定义和类间关系定义，实现语义层次上的智能推理。本书将本体理论与语义推理引入云南种子植物特有属领域，建立云南种子植物特有属领域本体,并在此领域本体的基础上，实现基于 Jena 对领域本体的解析，并选择使用 Jena 的推理机制进行基于规则的推理，添加推理规则，实现基于植物外形结构特征的辨别，为实现基于语义的推理查询奠定基础。

4.1　本体推理机

将隐含在本体中已经定义了的概念、关系和声明中的隐性知识挖掘出来的过程叫作本体推理[95]。本体推理继承于描述逻辑语言，是建立在概念、概念间关系和属性等的基础上的确定逻辑推理。本书研究的是基于规则的推理，所以要对规则进行构建，才能完成推理。本体推理可以用于本体的构建者，也可以用于本体的使用者，例如，本体推理可以用于本体内部知识冲突的检测[96]，知识优化的表达和本体与本体之间的融合等功能对于本体构建者来讲是很有用途的；本体的使用人员可以通过推理得到本体中的知识并且基于本体解决问题。现在常见的推理机有 JESS（Java expert system shell）、Pellet（Pellet OWL reasoner）、FaCT++（FaCT++ OWL reasoner）、DOOR（dynamic object-oriented requirement management system）、Jena（Java semantic web framework）等。

JESS 是一种规则引擎，可以与默认的规则库和自定义的规则相结合进行推理，在 Java 中可以利用 JESS 编写程序实现基于本体的推理。JESS 占用很低的内存，可以灵活使用，并且速度快，在与 Java 所有的应用程序编程接口（application programming interface，API）的结合和存储问题上也处理得很好。JESS 的开发环境是以 Eclipse 平台为基础的，功能全面、界面良好而且深得用户喜爱。

表 4-1 将从开发的角度来说明 Racer、Pellet、FaCT++、DOOR 推理机。其中，DIG 是一种通信协议，用于与本体推理引擎进行交互，以查询和操作本体知识，全称是 description logic implementation group；LISP 是一种编程语言，最初由 McCarthy 在 1958 年设计，全称是 list processing。

表 4-1　开发角度对比分析

比较项	Racer	Pellet	FaCT++	DOOR
语言	LISP	Java	C++	Java
开源	商用	是	是	实验开源
API	DIG,LISP,Java	DIG,OWL-API,Java	DIG	本体推理(ontology inference) DIG,OWL-API,Java
开发文档	详细	一般	无	详细
示例代码	有	有	无	详细

本书中将选用 Jena 推理机，下面将会对其详细说明。

Jena 是由惠普实验室开发的 Java 开发工具包，现为 Apache 开源项目，主要用于语义网应用的开发和处理，如 RDF 数据、本体推理、SPARQL 查询等。它的优势之一即 Jena 是开源的，所有研发者都可以看见它的全部完整代码并对其进行开发,资源很多。并且 Jena 还提供了 DIG 接口，与 Java 中连接不同类型的数据库的开放数据库互连(open database connectivity，ODBC)接口很像，即使是不同的推理引擎也可以通过 DIG 接口实现与 Jena 的连接，所以一些常见的推理机也可以在 Jena 中使用[97]。Jena 框架主要完成以下工作。

(1)Jena 可以以 RDF/XML 以及三元组的形式读写 RDF 数据。Jena 内置了许多函数和接口，用于解析、推理和查询数据，并且支持数据存储。数据的格式也是多样的，可以支持 RDF、OWL、RDFS 等格式的数据集。

(2)将本体文件引进后，可以解析本体，提取特定信息，增加修改本体中类、关系、属性等操作。

(3)利用数据库保存数据。

(4)查询模型。通过 Jena2 自带的 ARQ(algebraic RDF query)

查询引擎，可以使用多种查询语言对模型进行查询。并且，通过 Jena 可以将本体文件存储在常用的关系型数据库中，方便操作和存储，使其更加高效。

（5）基于规则的推理。它的主要推理类型有类与类的关系推理、类和实例的关系推理、基于属性的推理三种类型[98]。

本书主要使用 Jena 框架来做四个方面的工作。

（1）在 Eclipse 环境中，将之前利用 Protégé 工具编辑构建的云南种子植物特有属领域本体的 OWL/RDF 文件读取进来。

（2）利用 Jena 先对领域本体文件进行解析，使其能够实现对本体文件的增、删、查、改等功能。

（3）结合 Jena 的推理机制构建自定义的规则，推理规则加上推理引擎，实现基于规则的本体推理。

（4）选择一种查询语言实现基于本体的查询[99]。

图 4-1 是 Jena 的系统框架图。

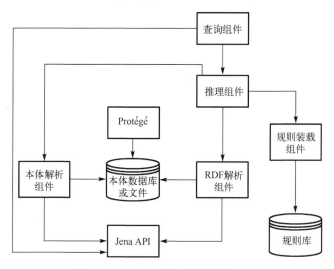

图 4-1　Jena 的系统框架图

4.2　基于 Jena 的本体解析

Jena[97]框架较重要的一个子系统是本体子系统，如图 4-2 所示，子系统中存在相应的 API 去处理与本体相关的数据，即它支持多种数据格式如 OWL、RDFS 等。利用本体 API 和 Jena 的推理子系统就可以对本体中的信息进行提取、解析并实现对其的增、删、改、查。最终利用 Jena 在 Eclipse 环境下实现对云南种子植物特有属领域本体的更新和完善工作，为后续基于本体的推理、存储、检索等工作打下基础。

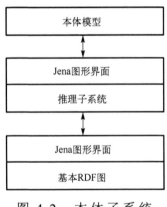

图 4-2　本体子系统

4.2.1　基于 Jena 对本体类及其属性的解析

本体模型（ontology model）作为本体子系统处理的基本对象，在研究中可以对以不同结构存储的本体数据进行读取，在本书中本体文件类型是 .owl。并且还可以对本体的类、数据属性、对象属性、相关约束和实例等元素进行增、删、改、查和一致性检查。通过不同的函数方法，可以获取本体中的类、关系、约束和属性等信息，并对类和属性等进行增、删、改、查等操作。需要借助本体模型来处理本体数据。首先要建立一个本体模型，然后利用这个本体模型中自带的方法函数对模型进行操作，例如，获取本体模型中的类、关系，对本体属性实例进行操作并将本体的表示输出到数据库等。在所有的操作之前要使用函数 ModelFactory.createOntologyModel()创建本体模型，再用函数 FileInputStream()读入.owl 文件，用 createClass()函数增加新的类，函数 listClasses()可以得到本体中已经有的类，函数 listSuperClasses()显示当前父类，函数 listDeclaredProperties()显示当前类的所有属性。图 4-3 为对类、对象属性、数据属性及其约束的查询显示。

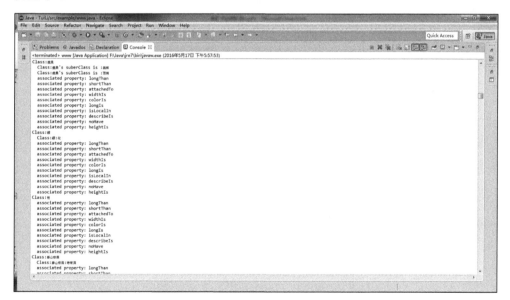

图 4-3　基于 Jena 的本体查询

4.2.2　基于 Jena 对本体实例的解析

云南种子植物特有属领域本体中不仅有类、属性，还将属下面的相关种作为实例进行了添加，利用实例的解析函数 listSubjectsWithProperty()读取实例 individual，如图 4-4 所示。

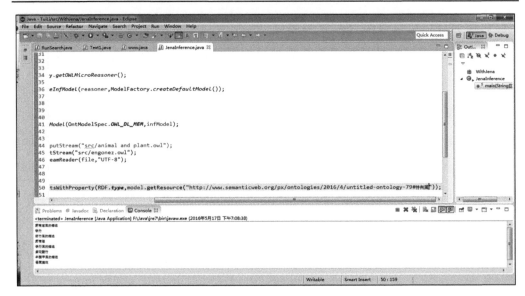

图 4-4　基于 Jena 的本体实例

4.2.3　小结

正是因为有 4.2.1 节和 4.2.2 节功能的实现，才可以实现 Jena 对整个本体的构建。在初步利用 Protégé 构建云南种子植物特有属领域本体之后，后续的很多工作都是基于 Jena 在 Eclipse 环境下完成的，如存储、推理、检索等工作，所以利用 Jena 继续完成本体的相关应用是方便可行的。

4.3　基于 Jena 的本体推理

Jena 包含了一个 RDFS 推理机和基于规则实现的 OWL 推理机。本书的推理方法是利用 Jena 包进行类推理、实例关系推理等推理任务，从而更好地理解和利用本体中的知识，如图 4-5 所示。图中的 find 通常指在本体模型或知识库中查找或检索特定信息；create 表示在本体模型或推理过程中创建新的对象或实例；bind 指将某些数据或规则与模型绑定；　bindSchema 则专门用于将推理引擎绑定到模式（schema）上。模型对象（InfGraph）是整个推理机制的重中之重，起到连接模型对象和推理机的作用。推理的步骤是首先创建一个本体模型并读入在第 3 章中构建完成的云南种子植物特有属领域本体的.owl 格式的本体文件，当然也可以是其他数据格式；接下来需要注册创建相应的推理机，这部分是在模型工厂中进行的，这其中也可以实现基于自定义规则的推理；然后将创建出来的这个推理机和云南种子植物特有属领域本体绑定在一起，就可以得到一个模型对象，而这个模型对象就包含了推理机制；最后通过相应的 API 对包含了推理机制的本体模型对象进行操作，并结合自定义的规则对本体模型进行基于描述逻辑的推理[98,100]。

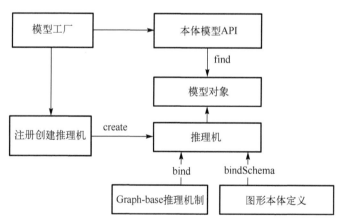

图 4-5　推理机工作机制

Jena 的 OWL 推理机可以描述成基于实例的推理机，OWL推理机对类的推理都是在建立一个原型实例的基础上进行的。如果类 P 的原型可以被推演为类罂粟莲花属的成员，就可以表明 P 是罂粟莲花属的子集，这种方法的好处在于，在处理复杂的表达式时具有较高的效率和完整性。OWL 推理机提供了三种实现机制：full、mini、micro，它们支持的类型结构如表 4-2 所示[56]。

表 4-2　OWL 推理机支持的三种类型结构

结　构	支持的类型
rdfs:subClassOf, rdfs:subPropertyOf, rdf: type	全部
rdfs:domain, rdfs:range	全部
owl: IntersectionOf	全部
owl:UnionOf	全部
owl:equivalentClass	全部
owl:sameAs, owl:differentFrom, owl:distinctMenbers	full,mini
owl:disjointWith	full,mini
owl:thing	全部
owl: equivalentProperty, owl:inverseOf	全部
owl: FunctionalProperty, owl: Inverse Functional Property	全部
owl:SymmetricProperty, owl:TransitiveProperty	全部
owl:hasValues	全部
owl:allValuesFrom	full,mini
owl:someValuesFrom	full,mini
owl:minCardinality, owl: maxCardinality, owl: Cardinality	full,mini

OWL 推理机是根据本体特点定义的默认通用的推理规则，作用是检查类的可满足性以及概念间或属性的传递性、函数互逆、不相交性等。但是这些通用的规则并不能满足具体领域本体的推理。在云南种子植物特有属领域本体的推理过程中，为了能根据植物外形描述准确判别出植物所属属名，可以制定自己的规则。

4.3.1　推理规则的确定

基于本体的规则推理，首先需要自定义针对特定领域的规则，随后通过 Jena 中的推理引擎，从本体中已存在的知识中推导出隐含的知识。本书在第 3 章建立了云南种子植物特有属领域本体，基于此构建相应的规则。最终，推理引擎加载本体文件和规则，完成推理工作，如图 4-6 所示[101]。

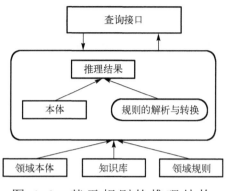

图 4-6　基于规则的推理结构

产生式表示法是一种比较好的表示法，同时也是目前在人工智能等领域使用最多的一种方法。因为在云南种子植物特有属领域要制定的规则是基于事实的，有较强的因果关系，所以也选用此表示法。其基本形式是

$$X \rightarrow Y$$

或者

$$IF \quad X \quad THEN \quad Y$$

其中，X 是事件的前提，指出该产生式是否可用的条件；Y 是一组结论或操作，前提 X 被满足时，就要得出或执行 Y[102]。

云南种子植物特有属领域本体推理模型主要是由推理规则和推理程序组成的。仅使用自带的通用推理规则是不够的，所以要通过自定义的推理规则来补充，使其整体更加适合云南种子植物特有属领域本体的推理。本书中将以植物的外形特征的不同为依据来构造推理规则，因为不同科之间植物的外形差别是很大的，所以相对好判断，在本书中只针对同一个科下面的不同属构造相应的规则来推理。同一个科下面的属的器官大致相同，不同的是器官的颜色、大小、长短、层数、个数、形状等，本书依据此特

点来构造相应的规则。云南种子植物特有属当中有 59 科，本书选择菊科和禾本科进行规则的构建与说明。

在菊科中，有 11 个属是云南种子植物的特有属。我们将这 11 个属进行对比，并以其中的野茼蒿属和华蟹甲属为例，通过它们的推理规则进行详细说明。将《云南植物志》中与这两个属的描述和推理相关联的部分摘取出来如下：野茼蒿属，冠毛多层，瘦果圆柱形，总苞筒形；华蟹甲属，冠毛多层，瘦果圆柱形，总苞狭圆柱形或倒锥状钟形。可以看出，利用冠毛、瘦果、总苞这三项就可以实现推理，通过冠毛和瘦果可以将菊科下面的其他属排除掉，因为其他属的冠毛和瘦果的形状都和这两个属不同，在判断其总苞的形状后，就可以将这两个属也区分出来。自定义查询规则如下：

Rule1：（?x rdf:type 特有属），（冠毛 isPartOf ?x），（冠毛 numberIs 多层），（瘦果 isPartOf ?x），（瘦果 shapeIs 圆柱形），（总苞 isPartOf ?x），（总苞 shapeIs 筒形）→（?x isMemberOf 野茼蒿属）

Rule2：（?x rdf:type 特有属），（冠毛 isPartOf ?x），（冠毛 numberIs 多层），（瘦果 isPartOf ?x），（瘦果 shapeIs 圆柱形），（总苞 isPartOf ?x），（总苞 shapeIs 狭圆柱形或倒圆锥形）→（?x isMemberOf 华蟹甲属）

下面对上面两个规则进行说明：两个规则是相互的，为了判断出来这种植物到底是野茼蒿属还是华蟹甲属。规则一（Rule1）：如果 x 是特有属的一种，冠毛是属于 x 的一部分，冠毛的数量是多层，瘦果是属于 x 的一部分，瘦果的形状是圆柱形，总苞是属于 x 的一部分，总苞的形状是筒形，那么就可以判断出来 x 是野茼蒿属的一员。规则二（Rule2）：如果 x 是特有属的一种，冠毛是属于 x 的一部分，冠毛的数量是多层，瘦果是属于 x 的一部分，瘦果的形状是圆柱形，总苞是属于 x 的一部分，总苞的形状是狭圆柱形或倒圆锥形，那么可以判断出来 x 就是华蟹甲属的一员。

禾本科中共有 8 个属，其中竹亚科有 6 个属，早熟禾亚科和黍亚科各有 1 个属。从《云南植物志》的描述中可知，禾本科早熟禾亚科的异颖草属很容易区分，所以本书将其他 7 个属放在一起进行对比，以其中的铁竹属和箭竹属两个属的推理规则来详细地说明。将《云南植物志》中与这两个属的描述和推理相关联的部分摘取出来如下：铁竹属，雄蕊 3，鳞被 3，秆箨迟落，箨片锥状或披针形；箭竹属，雄蕊 3，鳞被 3，秆箨迟落，箨片三角状披针形或带状。可以看出，利用雄蕊、鳞被、秆箨、箨片这四项可以实现推理，通过雄蕊的数量、鳞被的数量和秆箨的情况就可以将禾本科下面的其他属排除掉，在判断其箨片的形状后，就可以将这两个属也区分出来。自定义查询规则如下：

Rule3：（?x rdf:type 特有属），（雄蕊 isPartOf ?x），（雄蕊 numberIs 3），（鳞被 isPartOf ?x），（鳞被 numberIs 3），（秆箨 isPartOf ?x），（秆箨 typeIs 迟落），（箨片 isPartOf ?x），（箨片 shapeIs 锥状或披针形）→（?x isMemberOf 铁竹属）

Rule4：（?x rdf:type 特有属），（雄蕊 isPartOf ?x），（雄蕊 numberIs 3），（鳞被 isPartOf ?x），（鳞被 numberIs 3），（秆箨 isPartOf ?x），（秆箨 typeIs 迟落），（箨片 isPartOf ?x），（箨片 shapeIs 三角状披针形或带状）→（?x isMemberOf 箭竹属）

下面对上面的规则进行说明。规则三（Rule3）：如果 x 是特有属的一种，雄蕊是属于 x 的一部分，雄蕊的数量是 3，鳞被是属于 x 的一部分，鳞被的数量是 3，秆箨是属于 x 的一部分，秆箨的类型是迟落型，箨片是属于 x 的一部分，箨片的形状是锥状或披针形，那么就可以判断出来 x 是铁竹属的一员。规则四（Rule4）：如果 x 是特有属的一种，雄蕊是属于 x 的一部分，雄蕊的数量是 3，鳞被是属于 x 的一部分，鳞被的数量是 3，秆箨是属于 x 的一部分，秆箨的类型是迟落型，箨片是属于 x 的一部分，箨片的形状是三角状披针形或带状，那么可以判断出来 x 就是箭竹属的一员。

4.3.2　基于 Jena 的 SPARQL 查询方法

推理完成后，还需要对结果进行查询。本体文件可以存储在关系型数据库中，并使用数据库的查询方法进行查询。也可以使用基于本体的查询方法，本书选用了 SPARQL（SPARQL protocol and RDF query language）查询语言。SPARQL 是一种基于自然语言理解的本体查询语言，与结构化查询语言（SQL）有许多相似之处。SPARQL 提供四种不同形式的查询：SELECT、ASK、DESCRIBE 和 CONSTRUCT。SELECT 返回匹配查询条件的结果表；ASK 返回布尔值，用于判断是否存在符合条件的数据；DESCRIBE 返回一个或多个资源的完整描述；CONSTRUCT 则返回构造的新 RDF 三元组，生成一个新的 RDF 图。能够通过选择、抽取等方式容易地从被表示为 RDF 等数据格式的知识中获取特定的部分，与其他查询方法相比，查询结果的两个指标都可以得到提高。SPARQL 查询流程如图 4-7 所示。

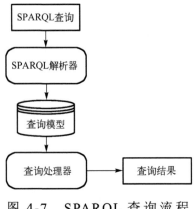

图 4-7　SPARQL 查询流程

首先在工程中引入相应的 Java 归档（Java archive, jar）包；然后构建查询语句，SPARQL 查询语句包括两个重要的部分，即 SELECT 子句和 WHERE 子句，结构如下：String prefix = "PREFIX 本体文件" + "PREFIX owl:" + "PREFIX rdf:" + "PREFIX rdfs:" + "SELECT ?类 ?类" + "WHERE {?类 类属性 ?类}"。

4.3.3　云南种子植物特有属领域本体推理的实现

通过将 Jena 推理机与自定义的推理规则相结合，可以发现其中的隐含关系。首先将云南种子植物特有属领域本体文件导入，建立模型，设置推理规则（在 4.3.1 节中建立的四个推理规则）；其次设置查询语句，搭载上推理机，针对菊科野茼蒿属和华蟹甲属的推理结果如图 4-8 所示。

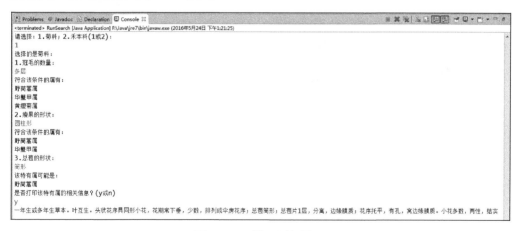

图 4-8　推理结果 1

针对禾本科铁竹属和箭竹属的推理结果如图 4-9 所示。

图 4-9　推理结果 2

4.4　本 章 小 结

本章围绕云南种子植物特有属领域本体的推理过程展开研究。首先，说明了本书当中用到的与本体推理相关的几种技术，为本体推理奠定基础。其次，给出了基于 Jena 的云南种子植物特有属领域本体推理的基本框架，并详细阐述了云南种子植物特有属领域本体的推理规则的构建，最终实现了基于规则的领域本体简单推理，利用植物外形特征实现了植物属种的基本判别。最后，用 SPARQL 实现了云南种子植物特有属领域本体的查询。

第 5 章　植物鉴别模块的构建

5.1　算法流程概述

本章选用 5 个植物外部形态特征作为评价依据，首先使用正态云模型对数据库中每种植物的每个指标进行隶属度计算；然后使用层次分析法计算出各个评价依据的权重；最后使用灰色关联分析对各株植物的隶属度进行综合评价，评分最高的植物的名称即为待鉴别植物名。

5.2　实验材料及指标选取

本章的植物知识来源于由中国科学院编纂的《中国维管植物科属志》，书中共收录维管植物 314 科 3246 属[103]。由于该书采用数字的方式对植物进行描述并且大多附有植物照片，因此极其适合用作文本的知识来源，同时附带的图片也可对结果进行检验。

本章根据科学性、可操作性、完备性、数据可获性等原则[104]选取了叶长、叶宽、株高、叶柄长以及生境海拔作为评价指标。由于植物有一定的生长周期，为了扩大应用范围，本章暂不选取花、果等的形态特征作为评价指标。同时植物在生长发育过程中，叶形也会不断发生变化[25]，因此也不考虑叶形作为本书的评价指标。将这 5 个指标的数据类型统一设置为双精度（double）型，以便存入数据库。

5.3 植物形态数据库的建立

由于时间所限，本章暂时不考虑将《中国维管植物科属志》中 3246 属植物作为本章的研究范围，而是结合客观的需求选取了云南种子植物特有属 125 属共 246 种植物[25]作为本书的研究范围，旨在为云南地区植物保护研究提供便捷的方法。本章采用区间的方式来描述植物外形特征，而《中国维管植物科属志》对一些植物的外形描述并没有采用区间的方式而是采用单个数值 L 来描述。经过对《中国维管植物科属志》的数值研究以及采取植物领域专家的建议，本章对于采用单个数值描述的植物外形的区间统一设置为 $[L \times (1-0.2)\text{cm}, L \times (1+0.2)\text{cm}]$。对于无叶柄的植物，本章结合正态云模型的特点和实际应用将无叶柄植物的叶柄长的范围统一设置为 $[0.0001\text{cm}, 0.0007\text{cm}]$，在计算隶属度的时候，将株高设置为 0.0004cm。对于爬藤类植物，本章默认其株高的范围为 $[0.0001\text{cm}, 0.0007\text{cm}]$，在计算隶属度的时候，将株高设置为 0.0004cm。此外，在计算对于未注明生境海拔的植物，本章根据该植物的分布地区将其生境海拔设置为 $[H_{\min}, H_{\max}]$，其中 $H_{\min}$ 为最低分布地区的海拔，$H_{\max}$ 为最高分布地区的海拔。

本章随机选取以下 10 种植物作为研究实例，其中包含了同属不同种以及不同属的情况。具体数据如表 5-1 所示。

表 5-1 植物外形特征数据表

植物名称	叶长/cm		叶宽/cm		株高/cm		叶柄长/cm		生境海拔/m	
	E_{x1}	E_{x2}	E_{x1}	E_{x2}	E_{x1}	E_{x2}	E_{x1}	E_{x2}	E_{x1}	E_{x2}
大花旋蒴苣苔	3.5	7.0	2.2	4.5	0.0001	0.0007	1.5	6.0	500	700
地胆旋蒴苣苔	3.0	8.0	1.0	3.0	0.0001	0.0007	0.0001	0.0007	700	800

续表

植物名称	叶长/cm		叶宽/cm		株高/cm		叶柄长/cm		生境海拔/m	
	E_{x1}	E_{x2}	E_{x1}	E_{x2}	E_{x1}	E_{x2}	E_{x1}	E_{x2}	E_{x1}	E_{x2}
滇藏细叶芹	8.0	12.0	4.8	7.2	10.0	50.0	9.6	14.4	3600	3800
野茼蒿	7.0	12.0	4.0	5.0	20.0	120.0	2.0	2.5	300	1800
珙桐	9.0	15.0	7.0	12.0	1500	2000	4.0	5.0	1500	2200
茶条木	8.0	15.0	1.5	4.5	300	800	3.0	4.5	500	2000
马蹄芹	2.0	5.0	5.0	11.0	20	46	8.0	25	1500	3200
南川鹭鸶草	32.0	50.0	1.5	3.0	35.0	60.0	0.0001	0.0007	1440	2160
鹭鸶草	17.0	67.0	1.3	3.2	30.0	85.0	0.0001	0.0007	1200	1900
滇虎榛	2.0	8.0	1.5	6.0	100	500	0.2	0.5	1500	3000

5.4　隶属度计算

本书测试的植物(地胆旋蒴苣苔)位于红河州元阳县境内的小新街乡,其海拔为 753m。经过外部测量,其叶长为 5.7cm,叶宽为 1.9cm,我们将叶柄长设置为 0.0004cm,株高设置为 0.0004cm。

根据建立好的植物形态数据库以及正态云模型,植物隶属度计算步骤如下。

(1)根据公式 $E_x = \dfrac{E_{x1}+E_{x2}}{2}$ 和 $E_n = \dfrac{E_{x1}-E_{x2}}{2}$ 分别计算正态云模型的期望/熵,结果如表 5-2 所示。

表 5-2　植物外形特征的期望及熵

植物名称	叶长 E_x/E_n	叶宽 E_x/E_n	株高 E_x/E_n	叶柄长 E_x/E_n	生境海拔 E_x/E_n
大花旋蒴苣苔	5.2500/0.5833	3.3500/0.3800	0.0004/0.0001	3.7500/0.7500	600.0000/33.3333
地胆旋蒴苣苔	5.5000/0.8333	2.0000/0.3333	0.0004/0.0001	0.0004/0.0001	750.0000/16.6667
滇藏细叶芹	10.0000/0.6667	6.0000/0.4000	30.0000/6.6667	12.0000/0.8000	3700.0000/33.3333
野茼蒿	9.5000/0.8333	4.5000/0.1667	70.0000/16.6667	2.2500/0.0833	1050.0000/250.0000

续表

植物 名称	叶长 E_x/E_n	叶宽 E_x/E_n	株高 E_x/E_n	叶柄长 E_x/E_n	生境海拔 E_x/E_n
珙桐	12.0000 /1.0000	9.5000 /0.8333	1750.0000 /83.3333	4.5000 /0.1667	1850.0000 /116.6667
茶条木	11.5000 /0.8750	3.0000 /0.5000	550.0000 /83.3333	4.5000 /0.1667	1250.0000 /250.0000
马蹄芹	3.5000 /0.5000	8.0000 /1.0000	33.0000 /4.3333	16.5000 /2.8333	2350.0000 /283.3333
南川 鹭鸶草	41.0000 /3.0000	2.2500 /0.2500	47.5000 /4.1667	0.0004 /0.0001	1800.0000 /120.0000
鹭鸶草	42.0000 /8.3333	2.2500 /0.3167	57.5000 /9.1667	0.0004 /0.0001	1550.0000 /116.6667
滇虎榛	5.0000 /1.0000	3.7500 /0.7500	300.0000 /66.6667	0.3500 /0.0500	2250.0000 /250.0000

（2）根据表 5-2 计算得到的期望 E_x、熵 E_n 以及正态云模型的曲线：

$$\mu(x) = \exp\left(\frac{-(x - E_x)^2}{2E_n^2}\right)$$

分别计算每种植物的外形特征隶属度，结果如表 5-3 所示。

表 5-3 植物各个指标的隶属度

植物名称	叶长	叶宽	株高	叶柄长	生境海拔
大花旋蒴 苣苔	0.7426	0.0007	1.0000	0.0000	0.0000
地胆旋蒴 苣苔	0.7498	0.6376	1.0000	1.0000	0.8504
滇藏 细叶芹	0.0000	0.0000	0.0000	0.0000	0.0000
野茼蒿	0.0000	0.0000	0.0000	0.0000	0.4938
珙桐	0.0000	0.0000	0.0000	0.0000	0.0000
茶条木	0.0000	0.0889	0.0000	0.0000	0.0000
马蹄芹	0.0001	0.0000	0.0000	0.0000	0.0000
南川 鹭鸶草	0.0000	0.3753	0.0000	1.0000	0.0000
鹭鸶草	0.0000	0.5430	0.0000	1.0000	0.0000
滇虎榛	0.7827	0.0477	0.0000	0.0000	0.0000

5.5　植物隶属度综合评价

1）利用层次分析法分配各指标权重

层次分析法是一种定性与定量相结合的分析方法[105]，主要适用于难以以数字计量且以人的主观思维为导向的场合，目前广泛用于权重分配和综合评价中[106]。由文献[107]和[108]可见，大多数基于计算机图像识别的植物鉴别法都使用了植物的叶片信息，因此叶片信息是植物鉴别的一个重要因素。本章根据萨蒂的 1～9 比率标度法（表 5-4）结合植物专家的意见构造判断矩阵，见表 5-5。经过计算，判断矩阵的最大特征根 λ_{max} 为 5.0394，由于本章采用了 5 个指标对植物进行综合评价，因此 n 的值为 5。根据公式

$$CI = \frac{\lambda_{max} - n}{n - 1}$$

得出 CI 的值为 0.00985，通过查阅平均随机一致性指标（RI）表得出当 $n = 5$ 时的 RI 值为 1.12，最后根据公式

$$CR = \frac{CI}{RI}$$

得到一致性比率 CR 值为 0.0088，由于 CR<0.1，因此通过一致性检验。通过归一化计算，各指标分配的权重如表 5-6 所示，并且定义权重矩阵为 $W_w = (0.367, 0.348, 0.142, 0.094, 0.049)^T$。

表 5-4　1～9 比率标度表

标度	意　义
1	两个指标同等重要
3	一个指标比另一个指标稍微重要
5	一个指标比另一个指标明显重要
7	这个指标占主导

标度	意义
9	这个指标占绝对主导
2,4,6,8	介于上述程度之间

表 5-5　判断矩阵

	叶长	叶宽	株高	叶柄长	生境海拔
叶长	1	1	3	4	7
叶宽	1	1	3	3	7
株高	1/3	1/3	1	2	3
叶柄长	1/4	1/3	1/2	1	2
生境海拔	1/7	1/7	1/3	1/2	1

表 5-6　各指标权重

指标	叶长	叶宽	株高	叶柄长	生境海拔
权重	0.367	0.348	0.142	0.094	0.049

2)利用灰色关联分析法进行综合评价

灰色系统理论是通过分析系统中各个因素的关联程度来对事物进行综合评价[109]。本书定义 $X_i(i \geq 1)$ 为每种植物的各个指标的隶属度向量，通过比较排序将 $X_0 = \{0.7827, 0.6376, 1.0000, 1.0000, 0.8504\}$ 定义为参考向量，然后计算出每种植物的 $|X_i - X_0|$ 向量，见表 5-7。

表 5-7　植物各指标差值

植物名称	叶长	叶宽	株高	叶柄长	生境海拔
大花旋蒴苣苔 $|X_1-X_0|$	0.0401	0.6369	0.0000	1.0000	0.8504
地胆旋蒴苣苔 $|X_2-X_0|$	0.0329	0.0000	0.0000	0.0000	0.0000
滇藏细叶芹 $|X_3-X_0|$	0.7827	0.6376	1.0000	1.0000	0.3566
野茼蒿 $|X_4-X_0|$	0.7827	0.6376	1.0000	1.0000	0.8504
珙桐 $|X_5-X_0|$	0.7827	0.6376	1.0000	1.0000	0.8504
茶条木 $|X_6-X_0|$	0.7827	0.5487	1.0000	1.0000	0.8504
马蹄芹 $|X_7-X_0|$	0.7826	0.6376	1.0000	1.0000	0.8504
南川鹭鸶草 $|X_8-X_0|$	0.7827	0.2623	1.0000	0.0000	0.8504
鹭鸶草 $|X_9-X_0|$	0.7827	0.0946	1.0000	0.0000	0.8504
滇虎榛 $|X_{10}-X_0|$	0.0000	0.5899	1.0000	1.0000	0.8504

$X_i(j)$ 表示第 i 种植物的第 j 个指标的隶属度，根据公式

$$\min_{i=1}^{n} \min_{j=1}^{m} \left| X_i(j) - X_0(j) \right|$$

遍历表 5-7 得到最小指标差为 0；根据公式

$$\max_{i=1}^{n} \max_{j=1}^{m} \left| X_i(j) - X_0(j) \right|$$

得到最大指标差为 1。然后根据式（5-1）来计算区分度。

$$\zeta_{i} = \frac{\min\limits_{i=1}^{n} \min\limits_{j=1}^{m} \left| X_0(j) - X_i(j) \right| + \rho \max\limits_{i=1}^{n} \max\limits_{j=1}^{m} \left| X_0(j) - X_i(j) \right|}{\left| X_0(j) - X_i(j) \right| + \rho \max\limits_{i=1}^{n} \max\limits_{j=1}^{m} \left| X_0(j) - X_i(j) \right|} \tag{5-1}$$

式中，ρ 为分辨系数，一般来说 ρ 越小，区分度就越大，本书中 $\rho = 0.5$，各个指标的关联系数见表 5-8。

表 5-8　各个指标的关联系数

植物名称	叶长	叶宽	株高	叶柄长	生境海拔
大花旋蒴苣苔	0.9258	0.4398	1.0000	0.3333	0.3703
地胆旋蒴苣苔	0.9383	1.0000	1.0000	1.0000	1.0000
滇藏细叶芹	0.3898	0.4395	0.3333	0.3333	0.5837
野茴蒿	0.3898	0.4395	0.3333	0.3333	0.3703
珙桐	0.3898	0.4395	0.3333	0.3333	0.3703
茶条木	0.3898	0.4768	0.3333	0.3333	0.3703
马蹄芹	0.3898	0.4395	0.3333	0.3333	0.3703
南川鹭鸶草	0.3898	0.6559	0.3333	1.0000	0.3703
鹭鸶草	0.3898	0.8409	0.3333	1.0000	0.3703
滇虎榛	1.0000	0.3597	0.3333	0.3333	0.3703

根据：

$$G_e(i) = X_i \cdot W_e$$

计算各株植物的等权关联度。式中，$W_e = (0.2, 0.2, 0.2, 0.2)^{\mathrm{T}}$。

利用：

$$G_w(i) = X_i \cdot W_w$$

计算出各株植物的加权关联度，结果见表 5-9。

表 5-9　植物各指标的关联度及排序

植物名称	等权关联度 $G_e(i)$	排序	加权关联度 $G_w(i)$	排序
大花旋蒴苣苔	0.5609	3	0.6843	2
地胆旋蒴苣苔	0.9335	1	0.9974	1
滇藏细叶芹	0.4047	6	0.4032	6
野茼蒿	0.3620	8	0.3928	8
珙桐	0.3620	8	0.3928	8
茶条木	0.3695	7	0.4058	7
马蹄芹	0.3620	8	0.3928	8
南川鹭鸶草	0.5387	4	0.5307	5
鹭鸶草	0.5757	2	0.5952	3
滇虎榛	0.4793	5	0.5890	4

由表 5-9 可知，排名第一的植物名称为地胆旋蒴苣苔，与实际结果相符。在加权关联度中排名第二的植物为大花旋蒴苣苔，而在等权关联度中排名第二的植物为鹭鸶草。根据《中国植物志》的记载，大花旋蒴苣苔和地胆旋蒴苣苔为同属不同种植物，很明显，使用层次分析法来给各个指标分配权重提高了植物鉴别的准确率。

由于不具备实地测量 246 种植物的条件，因此本章设计了以下 5 组实验对照组：

(1) 测量值为 $E_x(1-0.1)$；

(2) 测量值为 $E_x(1+0.1)$；

(3) 测量值为 $E_x(1-0.2)$；

(4) 测量值为 $E_x(1+0.2)$；

(5) 测量值为 E_x。

定义准确率：

$$P = \frac{F}{A}$$

式中，F 表示准确鉴别出来的植物数目；A 表示数据库中所有植物，即 246 种云南种子植物特有属。测试结果如表 5-10 所示。

表 5-10　实验结果

组名	第 1 组	第 2 组	第 3 组	第 4 组	第 5 组
准确率/%	66.3	68.7	87.4	85.0	93.9

由表 5-10 可知，使用本章的方法基本可以满足植物鉴别的需求，只要人员掌握基本的植物知识便可对植物进行无损的鉴别。

5.6　本　章　小　结

针对研究人员因不具备海量、完备的植物知识而不能识别每种植物的问题，本章提出了基于正态云模型的植物鉴别算法。该算法融合了植物数量分类思想，结合了层次分析法和植物专家的意见对各指标进行权重分配，从而考虑了每个因素对植物鉴别的不同影响程度，然后使用了灰色关联分析法对植物隶属度进行综合评价。实验结果表明，在云南种子植物特有属领域中使用本章的方法有效、可行。

第 6 章　云南种子植物查询词扩展模块的构建

6.1　基于词语语义相似度计算的查询扩展模块

6.1.1　《同义词词林》结构及扩展

国外通常采用 WordNet 作为语义词典来计算词语语义相似度，而国内由于中文本身的特点以及起步相对较晚，在这方面的研究比较欠缺。哈尔滨工业大学的梅家驹教授为中文语义处理做出了突出贡献。本章采用的词典[110]是由梅家驹主编的《同义词词林》。该词典参照多部电子词典的资源，并按照《人民日报》语料库中词语的出现频率在第一版的基础上剔除了 14706 个罕用词和非常用词。为了获得更好的性能，该词典结合多方面的相关资源将词典词条扩充到了 77343 条，基本能满足本书的需求。《同义词词林》按照树状的层次结构把所有收录的词语组织在一起，编码相同的词语要么词义相同，要么具有很强的相关性[110]。该词典采用八位五级编码，前七位表示该词条所处的位置，而第八位的"="、"#"、"@"分别表示同义词、相关词以及自我封闭即只有本身一个词。具体的编码规则如表 6-1 所示。

表 6-1　《同义词词林》编码规则

编码位	1	2	3	4	5	6	7	8
符号举例	A	a	0	1	A	0	1	=/#/@
符号性质	大类	中类	小类		词群	原子词群		
级别	一	二	三		四	五		

因为本节提出的词语语义相似度计算方法面向云南种子植物特有属领域的语义检索，而这部通用的语义词典在本领域内的应用存在一定的局限，所以本节结合该领域知识对《同义词词林》进行补充和调整。该词典是 TXT 格式的文本，所以进行调整后并不影响系统的运行。例如，酸竹属是云南种子植物特有属的一个属，酸竹属底下还有粉酸竹、酸竹、毛花酸竹、福建酸竹、黎竹等品种。同时在《同义词词林》中编码为"Bh01B02="的词语集合为：毛竹、南竹。粉酸竹、酸竹、毛花酸竹、福建酸竹、黎竹也可以检索出有关于酸竹属的知识。因此，本节在同义词典编码为"Bh01B02="的词语集合中加入"粉酸竹、酸竹、毛花酸竹、福建酸竹、黎竹"。当用户想要了解"酸竹属"的知识时，输入查询词"黎竹"也能检索出相应的知识。

6.1.2　改进词语语义相似度算法

《同义词词林》不仅词条丰富，而且具有良好的编码规则，所以可以根据词语编码计算出两个词语间语义的相似度 $\mathrm{sim}(W_1,W_2)$，$\mathrm{sim}(W_1,W_2)$ 的取值范围为 [0,1]，1 代表同义词，0 代表相似度为 0 即不相关，$\mathrm{sim}(W_1,W_2)$ 越接近 1 则表示 W_1 和 W_2 相似度越高。本节在《同义词词林》编码规则的基础上结合特有属领域知识的特点提出了如下公式来度量相似度：

$$\mathrm{sim}(W_1,W_2)=1-\sum_{i=1}^{5}\left(\frac{1}{2^i}\times\sqrt{\frac{k}{n}}\right) \qquad (6\text{-}1)$$

式中，i 表示第 i 级编码；k 表示第 i 级编码之差的绝对值；n 表示第 i 级编码的较大值。当最后一位编码位为"="时，不同编码的词语按照式(6-1)计算相似度，相同编码的词语的语义相似度为 1。由于本领域的知识在《同义词词林》中主要呈现同界的特点，无法区分同种的词语，如编码为"Bh02A44#"，其词语集合为"香菊片、紫荆花、槐花、玫瑰花、杜鹃花等"。很明显，这些词语都不是一个品种的花，而是同类花的集合。当最后一位编码位为"#"时，本节根据用户的需要分为以下两种情况：当用户只关心查询词本身而不关心其同类时，若词语的编码相同，其相似度设置为0；当用户关心查询词同类事物时，若词语的编码相同，其相似度设置为1。不同编码的词语按式(6-1)计算，所得结果为词语语义相似度。当最后一位编码位为"@"时，表示自我封闭，没有同义词，所以设置相似度为0。例如，sim(种子(Bh13B01=)，种仁(Bh13B02=))=1-(1/32)×(sqrt(02-01)/(02))=0.977903。

6.1.3 实验及结果

我们采用了两种相似度计算方法进行相似度计算，其中第一种方法是本节提出的方法；第二种方法是以文献[111]为代表的基于《同义词词林》的词语语义相似度计算方法，以此来作为对比方法。下面进行两次实验。

1)实验一

随机选取 10 对在云南种子植物特有属领域知识中常见的词语进行语义相似度计算。

2)实验二

(1)实验数据。

本节选取 110 篇关于福建酸竹的文章，17 篇关于黎竹的文章，19 篇关于粉酸竹的文章，35 篇关于毛花酸竹的文章，245 篇关于酸竹的文章以及 768 篇关于计算机领域的文章作为噪声集。

(2)实验步骤。

首先基于本节提出的相似度计算方法获取查询词语的扩展词集合；然后将扩展词集合作为新的查询词在 Lucene 全文检索框架中进行检索；最后对结果进行评价。实验流程如图 6-1 所示。

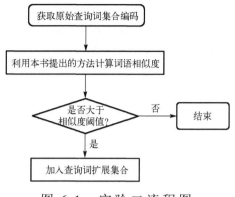

图 6-1　实验二流程图

（3）评价标准。

准确率表示检出的文档中相关文档的比例，计算公式为
$$P = \frac{|R \cap A|}{|A|}$$

式中，P 表示准确率；R 表示相关文档；A 表示被检出的文档。

召回率表示相关文档被检出的比例，计算公式为
$$r = \frac{|R \cap A|}{|R|}$$

式中，r 表示召回率。

F 值综合考量了准确率和召回率，只有当准确率和召回率都较高时才具有较高的值，计算公式为
$$F = \frac{2 \times P \times r}{P + r}$$

式中，F 表示 F 值。

实验一的结果如表 6-2 所示。

表 6-2　检索词的相似度

检索词对	本节方法计算的结果	对比方法计算的结果
{果子（Bh13A01=），果实（Bh13A01=）}	1.000000	1.000000
{种子（Bh13B01=），种仁（Bh13B02=）}	0.977903	0.902105

续表

检索词对	本节方法计算的结果	对比方法计算的结果
{酸竹(Bh08A54=),黎竹(Bh08A54=)}	1.000000	0.000000
{大约(Ka17B01=),也许(Ka17A01=)}	0.955806	0.898767
{多产(If26A01=),山脚(Be04A08=)}	0.316724	0.100000
{霜叶(Bh11B01=),枫叶(Bh11B02=)}	0.977903	0.898767
{优种(Bh13B18#),杂交种(Bh13B18#)}(不关心)	0.000000	0.500000
{优种(Bh13B18#),杂交种(Bh13B18#)}(关心)	1.000000	0.500000
{冷霜(Bf03B02=),早霜(Bf03B03#)}	0.981958	0.957661
{暴雨(Bf01A05=),狂风(Bf02A02=)}	0.887406	0.794037

实验二的结果如表 6-3 所示。

表 6-3　实验二的结果

算法类别	本节提出的词语语义相似度算法	对比的词语语义相似度算法
准确率(P)	0.756	0.718
召回率(r)	0.803	0.575
F 值(F)	0.779	0.639

6.1.4　实验结果分析

表 6-2 显示，使用本书的方法计算云南种子植物特有属领域知识词语语义相似度，能够提供更具区分度的效果。同时可看出，本节所提出的词语语义相似度计算方法，相对于一般的基于《同义词词林》的词语语义相似度计算方法的优点如下。

（1）没有引入人工参数，结果更加客观。

（2）一般的计算方法把第一级编码不同的词语语义相似度统一定义为 0.1，有些笼统，而本节的方法则考虑了这个问题。

（3）本节考虑了将用户的查询需求分为两个接口：当用户选择

精确检索时,进入将最后一位编码位为"#"且编码相同的词语的语义相似度定为 0 的接口;当用户希望再扩大他的检索范围时,则进入将这对词语的语义相似度定为 1 的接口。而一般的计算方法过于笼统,只是将最后一位编码位为"#"且编码相同的词语的相似度统一定义为 0.5,显然不能满足用户的需求。

表 6-3 表明了使用本节计算方法的召回率比使用对比方法的召回率有了明显的提升,说明使用本节方法可以提升查询词扩展的性能。同时使用本节计算方法的 F 值也得到了明显提升,说明本节计算方法比对比方法具有更好的检索性能。

6.2　基于 RankSVM 和 LDA 模型的查询词扩展模块

6.2.1　算法流程

初检结果质量的好坏是影响查询词扩展效果的直接因素,因此需要对初检结果进行相关排序。经过特定语料训练后的 LDA 模型会得到词语在主题上的后验概率分布,即 $p(w_i|z)$。而初检结果的主题与查询词集合 $Q=(q_1,q_2,\cdots,q_i)$ 的相关度是衡量相关排序的关键指标,因此我们利用公式 $p(q_i|z)$ 计算出每个查询词在主题中的概率,然后设定一个阈值筛选出与查询词相关的文本。此时,虽然相关度很低的文本已经被过滤了,但并没有进行相关度排序,因此本书使用 RankSVM 排序学习算法对筛选出来的结果进行排序,并选取前 10 名的文本作为扩展词的来源。最后对这 10 篇文本生成一个 LDA 主题模型,筛选出每个主题中概率最高的词语作为查询词扩展集合。具体的算法流程如图 6-2 所示。

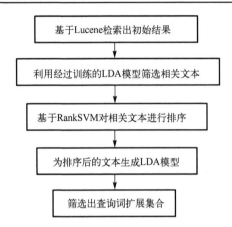

图 6-2　基于 RankSVM 和 LDA 主题模型的查询词扩展算法流程

6.2.2　数据来源

本节实验采用的语料均源于中国知网的专业文献，其中 112 篇文章中带有关键字"酸竹"，39 篇文章中带有关键字"滇虎榛"，300 篇文章中带有"野茼蒿"以及 549 篇与植物领域无关的噪声文本。本节使用由上海林原信息科技有限公司开发的开源分词器 HanLP v1.2.8 对实验文本进行分词，并去除了停用词。

6.2.3　实验方法

首先，本节对语料库中所有 1000 篇文本进行 LDA 模型训练；接着使用 Lucene 建立索引并根据初始查询词对所有文本进行基于关键词的检索；然后根据训练好的 LDA 模型的后验分布筛选出与查询词相关的文本，并使用康奈尔大学计算机科学系的托斯滕·乔奇姆斯(Thorsten Joachims)研发的 RankSVM 包对筛选出来的结果进行相关排序；最后对经过排序后的结果生成 LDA 模型，并选取查询词扩展集合。为了与其他查询词扩展研究方法进行对比，本节选取以下三组对照组进行对比实验：A 组直接对初始查询词进行检索；B 组为仅采用排序算法的查询词扩展方法；C 组为仅采用 LDA 模型的查询词扩展方法，D 组代表本节方法。

6.2.4　实验结果与分析

　　由于本节采用的语料库是关于三种植物的文本，因此本节以三种植物的名称作为初始查询词。以"酸竹""土壤"作为关键词，并以此为例，经过本节提出的算法流程返回的查询词扩展候选集合如图 6-3 所示。

```
topic 0 :
毛花酸竹=0.02216448296808093
林分=0.018632932931079302
发笋=0.01695880622605643
直径=0.011315080398762984
进行=0.00857230118007573
退笋=0.008467046742212922
结构=0.00827923247246112
试验地=0.008047587791693001
分布=0.007468199580376369
调查=0.006872705081114084

topic 1 :
区域=8.287451847596071E-4
研究=8.170405161342419E-4
```

图 6-3　查询词扩展候选集合

　　本节采用信息检索中常用的召回率、准确率、平均精度均值（mean average precision，MAP）以及 $P@k$ 作为实验结果的评价指标。MAP 是信息检索中用来评估排序算法性能的指标。具体而言，对于每个查询，计算其准确率-召回率曲线下的面积，然后取所有查询的平均值作为 MAP。$P@k$ 是在前 k 个检索结果中正确检索到相关文档的概率。在信息检索任务中，通常会指定一个固定的 k 值，如 5 或 10，然后计算前 k 个检索结果中有多少是相关的，

相关的文档数除以 k 即为 $P@k$。综合三种不同植物的检索结果对结果进行综合评价，经过多次实验后的实验结果如图 6-4~图 6-6 所示。

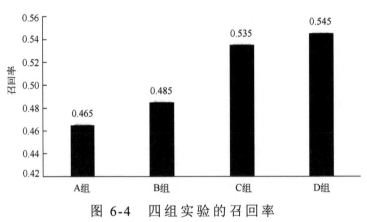

图 6-4　四组实验的召回率

从图 6-4 可以看出，经过查询词扩展之后的检索召回率均比未进行查询词扩展的召回率高，说明使用查询词扩展的方法可以使检索结果更全面。同时，C 组提升的效果比 B 组更加明显，这说明 B 组虽然可以获得质量良好的初检结果，但不具备挖掘潜在信息的功能，而 C 组的 LDA 模型可以挖掘出文本的潜在信息。D 组结合了 B 组和 C 组的优点，因此效果最好。

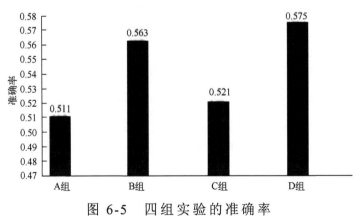

图 6-5　四组实验的准确率

由图 6-5 可知，经过查询词扩展处理的检索准确率比未进行查询词扩展高，说明使用查询词扩展的方法可以提高检索的准确率。同时，B 组提升的效果比 C 组更明显，这说明 B 组的 RankSVM 排序算法比 C 组简单考虑查询词与主题的相关度性能优异。D 组结合了 B 组优异的排序函数和 C 组具备挖掘潜在主题的优点，因此效果最好。

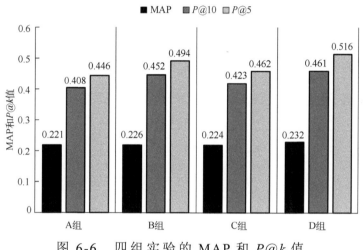

图 6-6　四组实验的 MAP 和 $P@k$ 值

由图 6-6 可知，经过查询词扩展后各指标均比未进行查询词扩展高，而结合了 B、C 两组优点的 D 组性能最优。

6.3　本　章　小　结

针对云南种子植物特有属领域语义检索中词语缺乏性能良好的词语语义相似度算法的问题，本章提出的词语语义相似度算法具有简洁明了、易于实现的优点，可以很好地解决查询词扩展不准确等问题。

根据本章提出的基于 RankSVM 和 LDA 模型的植物领域查询词扩展模块可以得出以下结论。

（1）由于查询词扩展扩充了查询词，因此效果比未经过查询词扩展的方法好。

（2）由于良好的初检结果有益于查询词的扩展，而本章采用的 RankSVM 排序学习算法可以使系统得到一组质量优良的初检结果，因此有利于准确率的提高；本章采用的 LDA 模型具有出色的文本挖掘能力，有利于提高召回率。

（3）本章结合 RankSVM 排序学习算法以及 LDA 模型的优点，在各个指标上都优于对比方法。

第 7 章　总结与展望

7.1　研　究　总　结

本书针对目前云南种子植物特有属信息资源存在的相关问题，利用本体技术对云南种子植物特有属信息资源进行了研究，提取了云南种子植物特有属领域的相关术语并构建了云南种子植物特有属领域本体，实现了基于规则的本体推理；同时，对云南种子植物特有属领域语义检索方法进行了研究，分别提出了基于《同义词词林》的词语语义相似度改进算法和基于 RankSVM 和 LDA 检索模型的查询词扩展方法，有效地解决了云南种子植物特有属数字资源利用的技术障碍，提高了云南种子植物特有属信息资源的整体使用效果。本书的主要工作及其取得的成果如下。

1. 云南种子植物特有属知识的整理及其数字化

本书选取《中国植物志》《云南植物志》等著作，以及《云南植被》《云南植物研究》等专业期刊中的云南种子植物特有属相关内容作为云南种子植物特有属语料库的原始语料，针对云南种子植物特有属这 125 属的相关叙述进行数字化处理。

2. 云南种子植物特有属领域本体知识库的构建

首先，对云南种子植物特有属领域术语进行提取。本书依据《云南植物志》中对植物外形特征的描写，选择比较稳定的外观性状即外观特征作为领域术语。其次，进行了本体的构建。本书介绍了几种构建本体的常用方法，最终选取七步法加以改进来进行云南种子植物特有属领域本体的构建。从类、关系、属性、实例四方面详细说明了构建云南种子植物特有属领域本体的方法。最后，利用 Protégé 本体构建软件实现了云南种子植物特有属领域本体的构建。

3. 基于 Jena 对云南种子植物特有属本体进行解析推理查询研究

在所构建的云南种子植物特有属领域本体的基础上，针对此本体的推理机制与方法展开研究。选用 Jena 推理子系统进行研究，详细讨论了基于 Jena 对领域本体进行解析的过程，并根据本书领域本体的特点设计了基于规则的本体推理方法，且依据《云南植物志》对植物的描述特征构建了云南种子植物特有属领域的相关推理规则，在 Java 平台上实现了基于云南种子植物特有属领域本体的推理。结合 SPARQL 查询语言对云南种子植物特有属领域本体进行查询。

4. 提出了一种基于正态云模型的植物鉴别算法

针对研究人员因不具备海量、完备的植物知识而不能识别每种植物的问题，本书利用植物数量分类的思想，结合层次分析法和植物专家的意见对各个指标进行权重分配，从而考虑了每个因素对植物鉴别的不同影响程度，最后使用灰色关联分析法对植物隶属度进行综合评价。实验结果表明，本书的方法无论在准确性还是实用性方面表现均不错。

5. 提出了一种基于《同义词词林》的词语语义相似度改进算法

为了检索出与查询词相似的结果，本书以《同义词词林》为基础，结合云南种子植物特有属领域知识扩充了《同义词词林》，并提出了一种基于《同义词词林》的词语语义相似度改进算法。经测试，本书提出的计算方法比一般的基于《同义词词林》的词语语义相似度计算方法更加接近人类思维且不容易出现与主观偏差很大的情况，因此本书的方法更适用于云南种子植物特有属领域信息的检索。

6. 提出一种基于 RankSVM 和 LDA 检索模型的查询词扩展方法

为了检索出与检索词相关的结果，本书提出一种基于 RankSVM 和 LDA 检索模型的查询词扩展方法。首先借助 RankSVM 良好的排序性得到质量良好的初检结果；然后利用 LDA 模型筛选出与查询词相关的文本，并将经过排序的初检结果生成主题模型；最后使用阈值筛选出每个主题中概率最高的词语，并将其作为查询词扩展集合。实验表明，本书提出的查询词扩展方法在各个评价指标上均优于对比方法，因此本书方法可用作植物领域检索的查询词扩展模块。

7.2　展　　望

目前，针对云南种子植物特有属领域的语义检索研究尚处于起步阶段，还有很多地方需要不断完善，在以后的研究中应重点解决以下问题。

（1）本书提出了云南种子植物特有属领域本体知识库构建方法，这个方法还需要不断地验证和完善，本体构建是一项持续并且繁重的工程，后续的自我更新和完善也是很重要的，所以在本体维护方面还有待研究。

（2）本书构建的领域本体以稳定的植物外观特征词为基础，但尚未利用自然语言处理技术进行检索研究。在后续的语义检索中，需要实现这一步骤。

（3）本书所提出的云南种子植物语义检索查询方法还需要进一步优化和提升，以期提高其通用性和准确率；同时，还需在今后进一步联合植物专家完善植物外部形态数据库，采用更多的指标，从而提高云南种子植物的鉴别准确率。

参 考 文 献

[1] Berners-Lee T, Hendler J, Lassila O. The semantic web[J]. Scientific American, 2001, 284(5): 34-43.

[2] Guha R, McCool R, Miller E. Semantic search[C]// Proceedings of the 12th World Wide Web Conference, Budapest, 2003:700-709.

[3] Cohen S, Mamou J, Kanza Y, et al. XSEarch: A semantic search engine for XML[C]//Proceedings of the 29th International Conference on Very Large Databases, Berlin, 2003: 45-56.

[4] Cho N D, Lee E S. Design and implementation of semantic web search system using ontology and anchor text[M]//Lecture Notes in Computer Science. Berlin, Heidelberg: Springer, 2006:546-554.

[5] Lei Y G, Uren V, Motta E. SemSearch: A search engine for the semantic web[M]//Lecture Notes in Computer Science. Berlin, Heidelberg: Springer, 2006: 238-245.

[6] Rodrigo L, Benjamins V R, Contreras J, et al. A semantic search engine for the international relation sector[M]//Lecture Notes in Computer Science. Berlin, Heidelberg: Springer, 2005:1002-1015.

[7] Wienhofen L W M. Using graphically represented ontologies for searching content on the semantic web[C]//Proceedings of the 8th International Conference on Information Visualisation, London, 2004: 801-806.

[8] 王进. 基于本体的语义信息检索研究[D]. 合肥: 中国科学技术大学, 2006.

[9] Gary K, Szabo B, Vijayan L, et al. JMaPSS: Spreading activation search for the semantic web[C]//2007 IEEE International Conference on Information Reuse and Integration, Las Vegas, 2007:104-109.

[10] 王志强, 甘国辉. 面向服务的农业信息基础平台[J]. 农业网络信息, 2009, (9):16-19.

[11] 于红, 刘溪婧. 基于知识库的渔业领域本体学习算法[J]. 大连海洋大学学报, 2011, 26(2): 168-172.

[12] 鲜国建, 孟宪学, 常春. 基于农业本体的智能检索原型系统设计与实现[J]. 中国农学通报, 2008, 24(6): 470-474.

[13] 张娜, 张玉花, 李宝敏. 基于本体实现有效语义智能检索系统研究[J]. 情报杂志, 2008, 27(3): 117-120.

[14] 杨晓蓉. 分布式农业科技信息共享关键技术研究与应用[D]. 北京: 中国农业科学院, 2011.

[15] Gruber T R. A translation approach to portable ontology specifications [J]. Knowledge Acquisition, 1993, 5(2): 199-220.

[16] Blanco C, Lasheras J, Fernández-Medina E, et al. Basis for an integrated security ontology according to a systematic review of existing proposals[J]. Computer Standards & Interfaces, 2011, 33(4): 372-388.

[17] Bateman J A, Hois J, Ross R, et al. A linguistic ontology of space for natural language processing[J]. Artificial Intelligence, 2010, 174(14): 1027-1071.

[18] Kayed A, El-Qawasmeh E, Qawaqneh Z. Ranking web sites using domain ontology concepts[J]. Information & Management, 2010, 47(7/8): 350-355.

[19] 董强, 郝长伶, 董振东. 基于知网的中文结构排歧工具——VXY[J]. 中文信息学报, 2010, 24(1): 60-64.

[20] 常春. 联合国粮食与农业组织 AOS 项目[J]. 农业图书情报学刊, 2003, 15(2): 14-15, 24.

[21] 陈叶旺. 国家农业本体协同建构与语义检索若干技术研究[D]. 上海: 复旦大学, 2009.

[22] 李景. 本体理论及在农业文献检索系统中的应用研究——以花卉学本体建模为例[D]. 北京: 中国科学院研究生院(文献情报中心), 2004.

[23] 李庭波. 森林资源经营决策本体知识库技术研究及应用[D]. 福州: 福建农林大学, 2009.

[24] 张柳, 黄春毅. "农作物栽培" 领域本体的构建[J]. 农业图书情报学刊, 2009, 21(1): 68-72.

[25] 冯建孟, 朱有勇. 云南地区中国种子植物特有属的研究[J]. 生态环境学报, 2010, 19(3): 621-625.

[26] 王荷生, 张镱锂. 中国种子植物特有属的生物多样性和特征[J]. 云南植物研究, 1994, 16(3):209-220.

[27] Qian H, Wang S L, He J S, et al. Phytogeographical analysis of seed plant genera in China[J]. Annals of Botany, 2006, 98(5): 1073-1084.

[28] 李仁伟, 张宏达, 杨清培. 四川分布的中国种子植物特有科属研究[J]. 武汉植物学研究, 2001, 19(2):113-120.

[29] 陈功锡, 刘世彪, 敖成齐, 等. 武陵山地区种子植物区系中的中国特有属研究[J]. 西北植物学报, 2004, 24(5): 865-871.

[30] 周先容, 向邓云, 戴玄. 金佛山自然保护区中国种子植物特有属[J]. 生态学杂志, 2007, 26(1): 88-93.

[31] 王荷生. 中国种子植物特有属的数量分析[J]. 植物分类学报, 1985, 23(40):241-258.

[32] Zhu H, Ma Y, Yan L, et al. The relationship between geography and climate in the generic-level patterns of Chinese seed plants[J]. Acta

Phytotaxonomica Sinica, 2007, 45(2):134-166.

[33] Nogués-Bravo D, Araújo M B. Species richness, area and climate correlates[J]. Global Ecology and Biogeography, 2006, 15(5): 452-460.

[34] Qiu Y X, Fu C X, Comes H P. Plant molecular phylogeography in China and adjacent regions: Tracing the genetic imprints of Quaternary climate and environmental change in the world's most diverse temperate flora[J]. Molecular Phylogenetics and Evolution, 2011, 59(1): 225-244.

[35] 马文红, 杨元合, 贺金生, 等. 内蒙古温带草地生物量及其与环境因子的关系[J]. 中国科学(C辑: 生命科学), 2008, 38(1):84-92.

[36] 冯建孟. 中国种子植物物种多样性的大尺度分布格局及其气候解释[J]. 生物多样性, 2008, 16(5): 470-476.

[37] 冯建孟, 徐成东. 中国种子植物物种丰富度的大尺度分布格局及其与地理因子的关系[J]. 生态环境学报, 2009, 18(1): 249-254.

[38] 唐桂芬. 面向地理数据服务的集成空间查询处理技术[D]. 长沙: 国防科技大学, 2007.

[39] 何海芸, 袁春风. 基于 Ontology 的领域知识构建技术综述[J]. 计算机应用研究, 2005, (3): 14-18.

[40] 窦中江. 新疆干旱区樟子松培育专家系统的研制[D]. 杨凌:西北农林科技大学, 2008.

[41] 仇韫琦, 王元卓, 白龙, 等. 面向知识库问答的问句语义解析研究综述[J]. 电子学报, 2022, 50(9): 2242-2264.

[42] 蒋彦. 基于本体的数学知识库的构建及其应用[D]. 成都:电子科技大学, 2011.

[43] 杨洁. 基于本体的柑橘病虫害知识建模及推理研究[D]. 武汉: 华中师范大学, 2014.

[44] 徐增林，盛泳潘，贺丽荣，等．知识图谱技术综述[J]．电子科技大学学报，2016，45(4)：589-606．

[45] 吴华瑞，郭威，邓颖，等．农业文本语义理解技术综述[J]．农业机械学报，2022，53(5)：1-16．

[46] 黄莎莎．语义万维网中本体与规则上的非经典推理[D]．长沙：湖南大学，2012．

[47] Antoniou G, Groth P, van Harmelen F, et al. A Semantic Web Primer [M]. 3rd ed. 胡伟，程龚，黄智生，译．北京：机械工业出版社，2014．

[48] 冯淑芳．面向观点挖掘的汽车本体知识库建立研究[D]．太原：山西大学，2011．

[49] Borst W N. Construction of engineering ontologies for knowledge sharing and reuse[D]. Enschede: University of Twente, 1997.

[50] Studer R, Benjamins V R, Fensel D. Knowledge engineering: Principles and methods[J]. Data & Knowledge Engineering, 1998, 25(1/2): 161-197.

[51] Corcho O, Fernández-López M, Gómez-Pérez A. Methodologies, tools and languages for building ontologies. Where is their meeting point? [J]. Data & Knowledge Engineering, 2003, 46(1): 41-64.

[52] Guarino N. Formal ontology in information systems[C]//Proceedings of the 1st International Conference, Trento, 1998.

[53] 兰天，齐玉东，程继红．基于本体的装备保障知识构建研究[J]．计算机技术与发展，2011，21(6)：201-203，207．

[54] 闫宇．领域本体中规则推理研究与实现[D]．上海：华东师范大学，2010．

[55] 李明洋．基于本体的教育资源知识点推理研究[D]．重庆：重庆大学，2009．

[56] 王晓慧．本体的查询与推理及其在军事领域中的应用研究[D]．重

庆：重庆大学, 2012.

[57] 石静. 基于本体的植物信息抽取与分析研究[D]. 杨凌:西北农林科技大学, 2010.

[58] 吴麦芳. 基于领域本体的蚜虫天敌知识体系构建研究[D]. 杨凌:西北农林科技大学, 2010.

[59] Uschold M, Gruninger M. Ontologies: Principles, methods and applications[J]. The Knowledge Engineering Review, 1996, 11(2): 93-136.

[60] Maedche A, Staab S. Ontology learning for the semantic web[J]. IEEE Intelligent Systems, 2001, 16 (2): 72-79.

[61] Noy N, McGuinness D. Ontology development 101: A guide to creating your first ontology[EB/OL]. [2022-01-31]. https://protege. stanford.edu/publications/ontology_development/ontology101.pdf.

[62] 王莉. 基于本体的猕猴桃病虫害智能答疑系统研究[D]. 杨凌：西北农林科技大学, 2012.

[63] 李全新. 基于本体的智能搜索技术实现[D]. 成都: 电子科技大学, 2011.

[64] 高华, 樊红科, 万怡震, 等. 苹果栽培品种的SSR鉴定及遗传多样性分析[J]. 西北农业学报, 2011, 20(2): 153-158.

[65] 孙素琴, 周群, 张宣, 等. 傅里叶变换拉曼光谱法无损鉴别植物生药材[J]. 分析化学, 2000, 28(2): 211-214.

[66] 邵新庆, 冯全, 邵世禄, 等. 基于叶片图像的植物鉴别技术研究进展[J]. 甘肃农业大学学报, 2010, 45(2): 156-160.

[67] 单成钢, 王志芬, 苏学合, 等. 数字图像处理技术在中药材鉴定中的应用[J]. 现代中药研究与实践, 2008, 22(5): 58-61.

[68] Sderkvist O. Computer vision classification of leaves from Swedish trees[D]. Linkoping: Linkoping University, 2001.

[69] Tak Y S, Hwang E. Pruning and matching scheme for rotation

invariant leaf image retrieval[J]. KSII Transactions on Internet and Information Systems, 2008, 2(6):280-298.

[70] 彭焱松. 中国柞属植物的数量分类研究[D]. 武汉: 中国科学院研究生院(武汉植物园), 2007.

[71] 中国科学院中国植物志编辑委员会. 中国植物志-第一卷-总论[M]. 北京: 科学出版社, 2004.

[72] 马金双. 中国植物分类学的现状与挑战[J]. 科学通报, 2014, 59(6):510-521.

[73] 李德毅, 刘常昱. 论正态云模型的普适性[J]. 中国工程科学, 2004, 6(8):28-34.

[74] Wang G Y, Xu C L, Li D Y. Generic normal cloud model[J]. Information Sciences, 2014, 280:1-15.

[75] 刘常昱, 李德毅, 潘莉莉. 基于云模型的不确定性知识表示[J]. 计算机工程与应用, 2004, 40(2): 32-35.

[76] 王迎超, 靖洪文, 张强, 等. 基于正态云模型的深埋地下工程岩爆烈度分级预测研究[J]. 岩土力学, 2015, 36(4):1189-1194.

[77] 杨朝晖, 李德毅. 二维云模型及其在预测中的应用[J]. 计算机学报, 1998, 21(11):961-969.

[78] 张杨, 严金明, 江平, 等. 基于正态云模型的湖北省土地资源生态安全评价[J]. 农业工程学报, 2013, 29(22): 252-258.

[79] 李陶, 李付伟, 李向新, 等. 地震灾害风险的正态云模型综合评价——以毕节市为例[J]. 中国安全科学学报, 2015, 25(10): 166-171.

[80] 刘思峰, 蔡华, 杨英杰, 等. 灰色关联分析模型研究进展[J]. 系统工程理论与实践, 2013, 33(8): 2041-2046.

[81] 刘莉娜, 曲建升, 曾静静, 等. 灰色关联分析在中国农村家庭碳排放影响因素分析中的应用[J]. 生态环境学报, 2013, 22(3): 498-505.

[82] Deng J L. Control problems of grey systems[J]. Systems & Control

Letters, 1982, 1(5): 288-294.

[83] 刘耀彬, 李仁东, 宋学锋. 中国区域城市化与生态环境耦合的关联分析[J]. 地理学报, 2005, (2): 237-247.

[84] 刘亚军, 徐易. 一种基于加权语义相似度模型的自动问答系统[J]. 东南大学学报(自然科学版), 2004, 34(5): 609-612.

[85] 荀恩东, 颜伟. 基于语义网计算英语词语相似度[J]. 情报学报, 2006, 25(1): 43-48.

[86] 吴秦, 白玉昭, 梁久祯. 一种基于语义词典的局部查询扩展方法[J]. 南京大学学报(自然科学), 2014, 50(4): 526-533.

[87] Li F, Zhu X H, Chen H C, et al. An improved Chinese word semantic similarity algorithm based on CiLin[J]. Journal of Information & Computation Science, 2015, 12(10): 3799-3807.

[88] Blei D M, Ng A Y, Jordan M I. Latent Dirichlet allocation[J]. Journal of Machine Learning Research, 2003, 4(3):993-1022.

[89] Liu T Y. Learning to rank for information retrieval[J]. Foundations and Trends in Information Retrieval, 2009, 3(3): 225-331.

[90] 中国科学院昆明植物研究所. 云南植物志-第十一卷-种子植物[M]. 北京:科学出版社, 2000.

[91] 王琦. 古代壁画的语义检索技术及应用研究[D]. 杭州: 浙江大学, 2011.

[92] 韩佳佳, 闵勇, 葛韩亮, 等. 面向大尺度生态系统氮通量计算的域本体构建[J]. 生态学杂志, 2012, 31(6): 1562-1570.

[93] 贾君枝. 汉语框架网络本体研究[M]. 北京: 科学出版社, 2012.

[94] 刘丽, 匡纲要. 图像纹理特征提取方法综述[J]. 中国图象图形学报, 2009, 14(4): 622-635.

[95] 郑丹. 基于本体的电话内容文本分类研究[D]. 长春: 东北师范大学, 2008.

[96] 张春节. 基于规则的隐私本体推理研究[D]. 昆明: 云南大学, 2011.

[97] Claude N, Warren R. Welcome to Jena[EB/OL]. [2012-01-07].

http://incubator.apache.org/jena/index.html.

[98] 黄凤华, 晏路明. 基于 Jena 的台风灾害领域本体模型推理[J]. 计算机应用, 2013, 33(3): 771-775, 779.

[99] 孔德镛. 基于本体技术的旅游信息语义查询系统研究[D]. 西安:西北大学, 2010.

[100] 金保华, 林青, 付中举, 等. 基于 SWRL 的应急案例库的知识表示及推理方法研究[J]. 科学技术与工程, 2012, 12(33): 9049-9055.

[101] 吴彦伟. 智能查询中的本体推理机制及其应用研究[D]. 西安: 西安电子科技大学, 2014.

[102] 李宗杰. 基于粗糙集的飞机远程诊断知识获取模型研究[D]. 天津: 中国民航大学, 2007.

[103] 李德铢. 中国维管植物科属志[M]. 北京:科学出版社, 2020.

[104] 黄文娟, 李志军, 杨赵平, 等. 胡杨异形叶结构型性状及其相互关系[J]. 生态学报, 2010, 30(17): 4636-4642.

[105] 焦艺, 刘璇, 毕金峰, 等. 基于灰色关联度和层次分析法的油桃果汁品质评价[J]. 中国食品学报, 2014, 14(12): 154-163.

[106] 王青, 戴思兰, 何晶, 等. 灰色关联法和层次分析法在盆栽多头小菊株系选择中的应用[J]. 中国农业科学, 2012, 45(17): 3653-3660.

[107] 杨天天, 潘晓星, 穆立蔷. 基于叶片图像特征数字化信息识别 7 种柳属植物[J]. 东北林业大学学报, 2014, 42(12): 75-79.

[108] 王丽君, 淮永建, 彭月橙. 基于叶片图像多特征融合的观叶植物种类识别[J]. 北京林业大学学报, 2015, 37(1):55-61.

[109] 邓聚龙. 灰色系统基本方法[M]. 武汉: 华中工学院出版社, 1987: 17-30.

[110] 梅家驹. 同义词词林[M]. 上海: 上海辞书出版社, 1983.

[111] 王松松, 高伟勋, 徐逸凡. 基于路径与词林编码的词语相似度计算方法[J]. 计算机工程, 2018, 44(10): 160-167.